ulmer

Rita Lüder

# GIFTIGE WILDPFLANZEN

Zweifelsfrei bestimmen, Giftigkeit einordnen, Hintergründe kennen

# Inhalt

Die einleitenden Seiten dieses Buches stammen aus der Zusammenarbeit der Autorin mit der Toxikologin Dr. med. Katrin Romanek (Giftnotruf München). Von ihr stammen die Informationen zu Toxizität, Dosis und dem Vorgehen bei Vergiftungen – einschließlich der diesbezüglichen Angaben in den Umschlagklappen und ihrer fachlichen Durchsicht der Pflanzenporträts, bei denen sie ergänzend Hinweise aus der Praxis beigesteuert hat.

# Die Natur begeistert …

… und sie schenkt uns eine Fülle an heilkräftigen, schmackhaften und faszinierenden Pflanzen. Immer mehr Menschen folgen der Sehnsucht nach einem ursprünglicheren Leben, nach mehr Verbindung mit der Erde, mit dem Wandel der Jahreszeiten und dem uralten Wissen um die Kräfte der Wildpflanzen. Wer einmal begonnen hat, Kräuter zu sammeln, mit allen Sinnen zu erleben und zu nutzen, wird oft schnell zum begeisterten Naturentdecker. Doch so schön das Sammeln auch ist – es will gelernt sein. Denn wer essbare Pflanzen erkennt, sollte auch ihre giftigen Doppelgänger kennen.

Dieses Buch richtet sich an alle, die mit offenen Augen und wachem Geist durch Wald und Wiese streifen: an Kräuterpädagog*innen*, Naturbegeisterte und neugierige Sammler*innen*. Es stellt 40 der häufigsten und gefährlichsten Giftpflanzen Mitteleuropas vor – mit klaren Erkennungsmerkmalen, anschaulichen Zeichnungen und hilfreichen Hinweisen zu möglichen Verwechslungen. So ist dieses Buch als Begleiter auf dem Weg zu einem achtsamen und sicheren Umgang mit der wilden Pflanzenwelt gedacht. Es zeigt, worauf es ankommt, wenn Sammeln nicht nur Freude, sondern auch Sicherheit bedeuten soll.

Ein besonderer Dank gilt den Giftinformationszentren (GIZ), allen voran Frau Dr. med. Katrin Romanek vom Giftnotruf München, die mit ihrer langjährigen Erfahrung und ihrer unermüdlichen Aufklärungsarbeit maßgeblich zum Entstehen dieses Buches beigetragen hat. Ihre fachlichen Einschätzungen und Hinweise aus der Praxis haben die Pflanzenporträts bereichert und geben diesem Buch eine solide, praxisnahe Grundlage. Die Arbeit der Giftinformationszentren ist von unschätzbarem Wert – sie schaffen Bewusstsein, geben Sicherheit und stehen im Notfall mit wertvollem Rat zur Seite.

Möge dieses Buch dazu beitragen, das uralte Pflanzenwissen wieder aufleben zu lassen – mit Neugier, Respekt und einem wachen Blick für die Schönheit *und* die Tücken der wilden Natur. Denn wer achtsam sammelt, sammelt nicht nur Kräuter – sondern auch Erfahrung, Vertrauen und tiefes Staunen.

Eure Rita Lüder

# BASISWISSEN GIFTIGE WILDPFLANZEN

*Links: Eibentriebe: Berührung OK*
*Rechts: Holunder kann giftig sein*

# Was ist wie giftig?

Was giftig ist, ist relativ. Bereits Paracelsus (1493–1541) hat sehr treffend formuliert: „Alles ist Gift, kein Ding ist ohne Gift, allein die Dosis macht, dass ein Ding kein Gift ist.“ Je nach Dosis haben viele Pflanzen Giftpotenzial und viele Giftpflanzen auch Heilpotenzial.

## DIE DOSIS MACHT DAS GIFT

Nur etwa 150 der 3000 heimischen Pflanzenarten haben ein relevantes Vergiftungspotenzial. Viele der in diesem Buch vorgestellten Giftpflanzen sind in geringer Dosis Heilpflanzen. Dabei ist ihre therapeutische Breite, d.h. die Spanne zwischen der Dosis, bei der eine Heilwirkung eintritt, bis zu der schädlichen Menge, sehr unterschiedlich. Fingerhut (S. 53) beispielsweise hat nur eine sehr geringe therapeutische Breite. Er ist in allen Teilen giftig und schon ein Verzehr von 2–5 Blättern kann tödlich sein. Solche Pflanzen sollten auf keinen Fall auf eigenes Ermessen hin verwendet werden. Die meisten Heilpflanzen haben zum Glück eine sehr große Breite. Sie sind auch schmackhafte Wildkräuter, die einfach durch die Bereicherung des Speiseplanes einen positiven Effekt auf den Körper ausüben. Hier ist es wichtiger, sie nicht mit Giftpflanzen zu verwechseln, als genau auf die richtige Dosis zu achten.

## Zwischen den Welten

**Riesen-Bärenklau:** theoretisch essbar jedoch durch phototoxische Wirkung bedenklich
**Gewöhnlicher Beifuß:** in der Schwangerschaft meiden
**Beinwell:** Pyrrolizidinalkaloide – außer Blüten nur in kleinen Mengen verwenden
**Eibe:** roter Samenmantel essbar, alle anderen Teile stark giftig
**Holunder:** alles außer Blüten roh giftig
**Huflattich:** Pyrrolizidinalkaloide – außer Blüten nur in kleinen Mengen verwenden
**Kalmus:** in der Schwangerschaft meiden
**Lungenkraut:** Pyrrolizidinalkaloide – außer Blüten nur in kleinen Mengen verwenden
**Scharfer Mauerpfeffer:** Überdosierung vermeiden
**Schwarzer Nachtschatten:** Essbarkeit kulturell unterschiedlich bewertet
**Robinie:** nur Blüten essbar
**Sauerampfer:** Oxalsäure – nicht in großen Mengen oder bei Nierenproblemen
**Sauerklee:** Oxalsäure – nicht in großen Mengen oder bei Nierenproblemen
**Scharbockskraut:** nur vor der Blüte genießen
**Steinklee:** Cumarin – Überdosierung vermeiden
**Vergissmeinnicht:** Pyrrolizidinalkaloide – außer Blüten nur in kleinen Mengen verwenden
**Wacholder:** in der Schwangerschaft meiden und nicht überdosieren
**Waldmeister:** nur vor der Blüte genießen
**Wasserpfeffer:** Scharfstoffe – Überdosierung vermeiden
**Wicken und Platterbsen:** nicht roh verwenden

## AUCH BELIEBTE ESSBARE KÖNNEN GIFTIG SEIN

Wildkräutersammelnden wird empfohlen, sich mit den Wildpflanzen, die sie zum Verzehr oder für eine Heilwirkung verwenden, zu beschäftigen.

Einige, wie beispielsweise der Schwarze Holunder, sind in Teilen giftig. Hier sind nur die Blüten unbedenklich genießbar – selbst die Früchte des Schwarzen Holunders müssen vor dem Verzehr gegart werden, da viele Personen auf deren Rohverzehr mit Magen-Darm-Problemen reagieren. Vorgestellt wird in diesem Buch lediglich der Attich (Zwerg-Holunder, S. 31), damit er nicht versehentlich als Schwarzer Holunder gesammelt wird. Bei ihm bleiben die Giftstoffe auch nach dem Erhitzen in den Beeren erhalten. Ein weiteres Beispiel ist Waldmeister, der ebenfalls nur in geringer Menge unbedenklich genießbar ist.

In diesem Giftpflanzenbuch werden diese weit verbreiteten, aber harmlosen Arten nicht vorgestellt, da deren Anwendung und mögliche Gefährdung

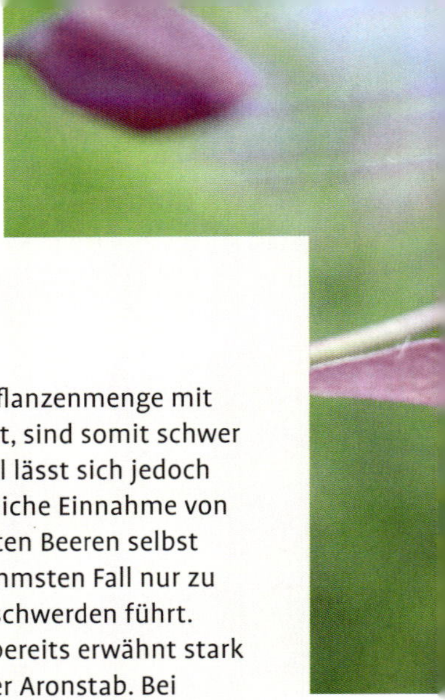

## Info aus dem GIZ: Was ist wie giftig?

Die potenzielle **Giftigkeit** einer einzelnen Pflanze hängt von verschiedenen Faktoren ab:
- → der aufgenommenen Menge,
- → der individuellen Empfindlichkeit,
- → dem Pflanzenalter, dem Reifegrad der Pflanzenteile,
- → den Wachstumsbedingungen wie Standort und Witterungsbedingungen.

Neben dem Aufnahmeweg durch Verschlucken spielen andere Expositionsrouten wie über die Haut, durch Einatmen, über das Auge oder die Blutbahn eine deutlich untergeordnete Rolle. Selbst bei sehr giftigen Pflanzen, bei denen eine Aufnahme der Giftstoffe über die Haut beschrieben oder theoretisch möglich ist, reicht eine bloße Berührung keinesfalls für eine Vergiftung aus. Allergien oder oben beschriebene Hautreizungen ausgenommen. Auch hier macht wie immer die Dosis das Gift und Beschreibungen von Vergiftungen über die Haut beruhen meist auf Fällen in denen die Pflanze beispielsweise als Wickel oder Umschlag längere Zeit Kontakt mit einer großen Körperoberfläche hatte.

**Grenzwerte**, ab welcher Pflanzenmenge mit Symptomen zu rechnen ist, sind somit schwer festzulegen. Als Faustregel lässt sich jedoch sagen, dass die versehentliche Einnahme von bis zu 5 einheimischen roten Beeren selbst bei Kleinkindern im schlimmsten Fall nur zu leichten Magen-Darm-Beschwerden führt. Ausnahmen sind die wie bereits erwähnt stark reizende Zaunrübe und der Aronstab. Bei schwarzen Beeren gilt die gleiche Regel, hier sollte jedoch die Tollkirsche dringend ausgeschlossen werden.
Lebensbedrohliche Vergiftungen treten am häufigsten nach absichtlicher Einnahme, z. B. als Suizidversuch oder zu Rauschzwecken, großer Pflanzenmengen auf und sind fast immer auf die 10 giftigsten heimischen Pflanzen zurückzuführen: Eisenhut, Tollkirsche, Wasserschierling, Herbstzeitlose, Gefleckter Schierling, Stechapfel, Schwarzes Bilsenkraut, Germer, Fingerhut und Europäische Eibe.
Als nicht heimische aber in Gärten anzutreffende stark giftige Pflanzen die gelegentlich zu Vergiftungen führen, muss noch die Engelstrompete und der Wunderbaum genannt werden.

zum überlieferten Allgemeinwissen gehören und es bereits eine Fülle an Literatur gibt, die sich ausführlich mit diesen Pflanzen und ihrem sicheren Gebrauch beschäftigen.

## GIFTSTOFFE

Auch wenn es ein paar Wirkstoffgruppen gibt, die ähnliche Symptome verursachen, wirken die einzelnen Giftpflanzen auf ganz unterschiedliche Weise und können eine breite Palette an Symptomen auslösen. Einige Pflanzen verursachen Vergiftungen, die den Magen-Darm-Trakt beeinträchtigen, während andere das Herz oder das Nervensystem angreifen.

*Links: Bittersüßer Nachtschatten*
*Rechts: Tollkirsche*

So hat jede Pflanze einen oder mehrere Giftstoffe, die unterschiedliche Körpersysteme beeinflussen und je nach aufgenommenem Teil der Pflanze oder Menge unterschiedliche Symptome hervorrufen können. Bei zahlreichen Wirkstoffen können selbst kleine Mengen schwerwiegende Auswirkungen haben.

## PFLANZEN UND MENSCHEN SIND INDIVIDUELL

Zu beachten ist ebenfalls, dass der Körper eines jeden Menschen ein wenig anders reagiert. Dies hängt zum einen mit dem unterschiedlichen Gewicht, Stoffwechsel und verschiedenen weiteren Faktoren zusammen. Und auch der Gehalt der Wirkstoffe in den Pflanzen schwankt je nach äußeren Wachstumsbedingungen stark. Dabei spielen Faktoren wie Sonneneinstrahlung, Bodenverhältnisse, Temperatur, Feuchtigkeit, Höhenlage und Jahreszeit eine wichtige Rolle. So sind die in diesem Buch angegebenen Mengen, ab wann eine Giftpflanze toxisch wirkt, nur als Richtwert zu verstehen. Generell reagieren Kinder und zarte Personen empfindlicher auf Giftstoffe als der Durchschnitt der Erwachsenen.

### Info aus dem GIZ: Pflanzengifte und Symptome

Wenn Symptome nach Pflanzeneinnahme auftreten, dann sind dies am häufigsten Beschwerden des Magen-Darm-Traktes wie Bauchkrämpfe, Übelkeit, Erbrechen und Durchfall. Gefährlichere Vergiftungszeichen können auftreten durch

- → atropin- oder scopolaminhaltige Nachtschattengewächse wie Tollkirsche, Stechapfel, Alraune und Bilsenkraut (trockene, heiße Haut, Herzrasen, Pupillenerweiterung),
- → durch herzaktive Steroidglykoside in z. B. Fingerhut, Maiglöckchen und Pfaffenhütchen (Herzrhythmusstörungen) oder
- → durch nikotinähnliche Inhaltsstoffe wie sie u. a. in der Tabakpflanze oder dem Goldregen vorkommen (Unruhe, Kaltschweißigkeit, neurologische Störungen).
- → Im Übrigen können auch stark haut- und schleimhautreizende Pflanzen wie der Aronstab oder die Zaunrübe sowie phototoxische Substanzen, wie sie im Riesen-Bärenklau enthalten sind, sehr unangenehme, verbrennungsähnliche Entzündungen der Haut hervorrufen, die ärztliche Hilfe erforderlich machen können.

# Vergiftungsverdacht, was jetzt?

**1. Ruhe bewahren und Hilfe einholen!** Bleib in jedem Fall ruhig. Zeigt die betroffene Person keine oder nur leichte Beschwerden, bleibt genug Zeit bei einem der sieben **Giftnotrufe** in Deutschland anzurufen, die rund um die Uhr besetzt sind (s. Tabelle auf der Innenklappe hinten). Ist die Person bewusstlos oder zeigt starke Symptome, verständige umgehend den **Rettungsdienst** unter **112**. Geh zum Arzt, wenn mehr als nur leichte Magen-Darm-Beschwerden auftreten oder du verunsichert bist. Meist können die Giftnotrufe rasch einschätzen, welche Hilfe erforderlich ist.

**2. Gift identifizieren und Indizien sichern:** Experten im Bekanntenkreis können bei der Identifizierung der Pflanze helfen, Pflanzenbestimmungs-Apps sind mittlerweile erstaunlich zuverlässig, das Ergebnis sollte in kritischen Situationen aber immer hinterfragt und verifiziert werden. Bring Reste von Pflanzen (möglichst Blüten, Blätter und Früchte) mit in die Klinik oder zum Arzt. Ein Foto der Umgebung kann bei Vergiftungen mit Pflanzen (und Pilzen) ebenfalls hilfreich sein.

**3. Kein Erbrechen auslösen:** Das Auslösen von Erbrechen als Erste-Hilfe-Maß-

## INFO aus dem GIZ

Von den ca. 45 000 Anrufen, die den Giftnotruf München jährlich erreichen, beziehen sich rund 5500 (12 %) auf Pflanzen und Pilze. Meistens handelt es sich hierbei um Blätter oder Blüten von Zimmerpflanzen, Blumen aus dem Garten oder Beeren auf dem Spazierweg, die von Kleinkindern versehentlich verschluckt werden.
In der folgenden Tabelle sind die 10 häufigsten Anfragen zu Pflanzen der letzten 3 Jahre des Giftnotrufes München mit Schweregrad der Vergiftung zum Zeitpunkt des Anrufs aufgelistet. In dieser Auswertung waren nur < 0,1 % der Pflanzenexpositionen mit schweren Symptomen assoziiert. Es muss allerdings beachtet werden, dass es sich hierbei um Anfragen also Verdachtsfälle handelt, nicht um gesicherte Expositionen. Dennoch lässt sich sagen, dass die überwiegende Mehrheit der Vergiftungen durch Pflanzen nicht schwer verlaufen.

Zum Glück treten bei der überwiegenden Mehrheit dieser Expositionen keine oder nur leichte Vergiftungszeichen auf, sodass eine häusliche Beobachtung oft ausreichend ist.
Bei Erwachsenen hingegen kommt es meist zu Verwechslungen von essbaren Pflanzen und Kräutern mit giftigen Doppelgängern. Hier können in seltenen Fällen auch schwere oder gar lebensbedrohliche Vergiftungen auftreten. Als wiederkehrendes Ereignis ist hier die Verwechselung von Bärlauch mit der Herbstzeitlosen zu nennen, die jeden Frühling zu vielen besorgten Anrufenden führt. Und natürlich gibt es auch die vorsätzliche Einnahme von hochgiftigen Pflanzen wie dem Eisenhut oder der Eibe in selbstschädigender Absicht oder die Fremdbeibringung in mörderischer Intention, dies sind zum Glück sehr seltene Ereignisse.

nahme wird nicht empfohlen, weil in der Regel die geschluckte Substanz nicht in relevantem Maß entfernt wird. Außerdem besteht die Gefahr der Aspiration, also des Einatmens von Erbrochenem in die Atemwege, einer Schädigung der Speiseröhre oder der Atemwege.

**4. Wasser zu trinken geben:** Grundsätzlich ist es in Ordnung, einer wachen Person **schluckweise stilles Wasser** anzubieten, um mögliche Giftstoffe zu verdünnen. Gib keine Milch, da dies noch zu einer verstärkten Aufnahme von fettlöslichen Giftstoffen führen kann. Auch Salzwasser sollte auf keinen Fall gegeben werden, dies kann eine Salzvergiftung auslösen.

**5. Aktivkohle:** Die Gabe von **Aktivkohle (Medizinalkohle)** kann, wenn sie innerhalb von ca. einer Stunde nach Giftaufnahme erfolgt, sinnvoll sein, um eine Vielzahl von Pflanzengiften im Magen-Darm-Trakt zu binden und so die Aufnahme in die Blutbahn zu verhindern. Aktivkohle in der Hausapotheke zu bevorraten, ist also auch in dieser Hinsicht sinnvoll. Die Gabe sollte nach Rücksprache mit einem Giftnotruf und mit reichlich Wasser erfolgen. **Die Dosis beträgt in der Regel 0,5–1 g pro kg Körpergewicht, maximal aber 50 g.** Nicht bei Bewusstseinstrübung geben!

*Die giftigen Wolfsmilchgewächse sind formenreich, aber mit keinen heimischen essbaren Wildpflanzen zu verwechseln.*

| Trivialname | Botanische Bezeichnung | Symptome keine | Vergiftung leicht | Vergiftung mittel | Vergiftung schwer | Gesamtzahl Anfragen |
|---|---|---|---|---|---|---|
| Eibe | *Taxus baccata* | 918 | 124 | 7 | 2 | 1051 |
| Lorbeerkirsche | *Laurocerasus sp.* | 739 | 38 | – | – | 777 |
| Efeu | *Hedera sp.* | 386 | 50 | – | – | 436 |
| Liguster | *Ligustrum vulgare* | 337 | 21 | – | – | 358 |
| Herbstzeitlose | *Colchicum autumnale* | 57 | 282 | 16 | 1 | 356 |
| Maiglöckchen | *Convallaria majalis* | 292 | 27 | 3 | 1 | 323 |
| Efeutute | *Epipremnum aureum* | 287 | 13 | – | – | 300 |
| Einblatt | *Spathiphyllum sp.* | 241 | 16 | 1 | – | 258 |
| Wolfsmilch | *Euphorbia sp.* | 46 | 136 | 4 | – | 186 |
| Stechpalme | Ilex aquifolium | 166 | 10 | – | – | 176 |
| Gesamt | | 3469 | 717 | 31 | 4 | 4221 |

# Mit Sicherheit Wildpflanzen sammeln

Der Einstieg in die Welt der Wildpflanzen ist eine wunderbare Reise – aber auch eine, die Geduld, Aufmerksamkeit und Respekt verlangt. Gerade zu Beginn ist es wichtig, sich langsam heranzutasten und sich Schritt für Schritt Wissen und Erfahrung anzueignen.

**1. Beginne mit einfachen, gut erkennbaren Arten**
Starte mit Pflanzen, die unverwechselbar sind – wie Gänseblümchen, Löwenzahn, Brennnessel oder Spitz-Wegerich. Diese Pflanzen sind weit verbreitet, leicht zu erkennen und gut dokumentiert. Ihre Bestimmungsmerkmale lassen sich sicher erlernen, was das Vertrauen in die eigene Wahrnehmung stärkt.

**2. Beobachte Pflanzen im Jahreslauf**
Wildpflanzen verändern sich mit den Jahreszeiten. Wer dieselbe Pflanze über Wochen oder Monate hinweg beobachtet, entwickelt ein tieferes Verständnis für ihr Wesen. Wie sehen die jungen Blätter aus? Wann blüht sie? Wie verändern sich Wuchsform und Farbe? Dieses Wissen hilft, Pflanzen sicher zu bestimmen.

**3. Lerne schrittweise – und nicht zu viele Arten auf einmal**
Es ist verlockend, sich in die Vielfalt der Pflanzenwelt zu stürzen. Doch für den Anfang ist weniger mehr. Lerne lieber einige wenige Arten richtig gut kennen, bevor du dich an neue heranwagst. So entsteht Sicherheit, die Grundlage jeder verantwortungsvollen Anwendung.

*Für Anfänger: ein Giersch-Blatt*

Selbst für Fortgeschrittene nicht zu unterscheiden: gefiederte Blätter von Doldenblütlern (links Wiesen-Kerbel, rechts der giftige Gefleckte Schierling). Daher nicht im Frühjahr sammeln!

**4. An kritische Pflanzen langsam herantasten**
Ein gutes Beispiel sind die Doldengewächse (Apiaceae). In dieser Familie gibt es viele wertvolle Heil- und Nahrungspflanzen – aber auch einige der giftigsten Arten Europas. Die Unterscheidung erfordert Erfahrung und ein geschultes Auge. Hier bietet dieses Buch eine gute Anleitung, um die Merkmale sicher kennenzulernen.

**5. Nutze verlässliche Quellen und doppelte Absicherung**
Nicht auf eine einzige Bestimmungsquelle verlassen – vergleiche lieber mehrere, nutze gute Bestimmungsbücher, Apps mit Vorsicht und idealerweise auch eine erfahrene Begleitperson. Fotos reichen oft nicht aus – entscheidend sind Details wie Stängelquerschnitt, Blattform, Geruch, Standort oder Blütenstand.

**6. Verwendet wird nur, was du wirklich sicher erkannt hast**
Diese goldene Regel kann nicht oft genug betont werden: Sammle und nutze nur Pflanzen, bei denen du dir absolut sicher bist. Im Zweifel: Stehen lassen! Sicherheit geht immer vor.

**7. Eine achtsame Haltung entwickeln**
Wildpflanzen zu sammeln heißt nicht nur, sie zu erkennen. Es bedeutet auch, Verantwortung für Natur und Mitmenschen zu übernehmen. Sammle nur so viel, wie du wirklich brauchst, und achte darauf, keine Lebensräume zu zerstören oder geschützte Pflanzen zu entnehmen. Mit dieser Haltung wird das Sammeln zu einer tiefen, bereichernden Naturerfahrung. Vertraue deinem Lernprozess, gib dir Zeit – und bleibe neugierig. Die Pflanzenwelt ist ein wunderbarer Lehrmeister, wenn wir bereit sind, aufmerksam zuzuhören.

# Giftpflanzen für andere erlebbar machen

Das Thema Giftpflanzen sollte bei Kräuterwanderungen nicht ausgespart werden – aber auch nicht überbetont. Es geht um **sachliche Aufklärung**, nicht um Verunsicherung. Ziel ist es, den Teilnehmenden Sicherheit zu geben, ohne ihnen die Freude am Entdecken zu nehmen.

## Entdecken macht Freude

Die Pflanzenwelt ist reich, vielfältig – und überwiegend harmlos. Wer sich Schritt für Schritt mit ihr vertraut macht, kann sie mit Freude, Achtsamkeit und Verantwortung entdecken. Eine gute Kräuterführung vermittelt genau das: Wissen, Vertrauen und die Lust auf mehr Natur.

Wichtig ist, dass die Teilnehmenden erfahren, **dass es giftige Pflanzen gibt und wie man sie von essbaren unterscheidet** – insbesondere bei bekannten Verwechslungspartnern wie Bärlauch und Maiglöckchen oder Holunder und Attich. Solche Hinweise geben Orientierung und fördern ein sicheres Verhalten in der Natur.

Dabei genügt oft schon das **Aufzeigen der wichtigsten Merkmale**: Wie fühlt sich die Pflanze an? Wie riecht sie? Wo wächst sie typischerweise? In Führungen hilft es, Vergleiche direkt am Standort zu zeigen – idealerweise mit echten Pflanzen nebeneinander. So bleibt das Wissen im Kopf und fördert die Sicherheit der Teilnehmenden.

Ziel ist es, **Respekt, aber keine Panik** zu vermitteln. Nicht jede unbekannte Pflanze ist automatisch gefährlich – und viele Wildpflanzen sind vollkommen unbedenklich. Entscheidend ist, nur das zu verwenden, was eindeutig erkannt wurde.

Wichtig ist auch der **Hinweis auf Eigenverantwortung.** Die Leitung einer Kräuterführung sollte den Teilnehmenden selbst überlassen, ob sie Giftpflanzen anfassen möchten oder nicht. **Beispiel: Der Aronstab.** Die Blätter des Aronstabs sind zwar giftig, aber wenn Teilnehmende interessiert sind, kann ihnen unter sicheren Bedingungen die Gelegenheit gegeben werden, ein Blatt **freiwillig zu probieren** (nicht schlucken, sondern wieder ausspucken) – immer mit der Betonung darauf, dass dies auf eigenen Wunsch erfolgt. Niemand darf zu etwas gedrängt werden, das er oder sie nicht möchte.

Es ist ein wichtiges Ziel, den Teilnehmenden Vertrauen in ihre eigene Wahrnehmung zu vermitteln und sie zu ermutigen, nur mit Pflanzen in Kontakt zu treten, die sie sicher erkennen können. Bei Unsicherheiten gilt immer: Besser die Pflanze stehen lassen.

Ein weiterer beruhigender Aspekt, der gerne erwähnt werden darf: **Reaktionen durch bloßen Hautkontakt sind bei heimischen Wildpflanzen sehr selten.** Die meisten mitteleuropäischen Giftpflanzen wirken erst beim Verzehr. Nur wenige Arten – wie der Riesen-Bärenklau – können bei empfindlicher Haut und direkter Sonneneinstrahlung Reaktionen hervorrufen. Diese sind gut bekannt und werden in verantwortungsvoll geführten Kursen ohnehin thematisiert.

*Wird ein kleines Blattstück vom Aronstab zerkaut, verletzen die nadelförmigen Oxalsäure-Kristalle die Schleimhäute. Dies fördert die Aufnahme der Giftstoffe und es stellt sich neben dem „Prickeln" eine leichte Schwellung und Taubheit ein. Blattstück ausspucken! Die Wirkung geht nach ein paar Minuten vorbei und die evtl. aufgenommene Giftmenge ist unbedenklich.*

## Info aus dem GIZ: Kurioses

Bei all den potenziell gefährlichen Vergiftungen durch Pflanzen möchte ich eine aufheiternde Kuriosität erzählen. So erreichen uns um die Osterzeit immer wieder Anrufe von Menschen, die sich aus vermeintlichen Frühlingszwiebeln ein Gericht zubereiten und dann durch den bitteren Geschmack bemerken, dass sie versehentlich zu einem Bund Narzissen gegriffen hatten. Zum Glück blieben auch diese Verwechslungen ohne schlimme Folgen für die Anrufenden, nur die Supermärkte mussten vereinzelt ihr Produktsortiment neu arrangieren.
Man sieht also, es bleibt immer Spielraum, das botanische Wissen zu erweitern. Ich hoffe, dass dieses Buch dazu beiträgt, die Angst vor Verwechslungsmöglichkeiten abzubauen und die Freude an der Natur und dem Kräutersammeln zu stärken.
Eine erfolgreiche Lektüre wünscht euch,

Dr. med. Katrin Romanek vom Giftnotruf München

# GIFTIGE WILD-PFLANZEN VON A BIS Z

# Alraune

*Mandragora officinarum* · Fam. Nachtschattengewächse (Solanaceae)

Um diese geheimnisvolle Pflanze ranken sich unzählige Legenden. Ihrer Wurzel mit der menschenähnlichen Form wird in vielen Märchen Zauberkraft zugesprochen, sie wird etwa 20 cm lang. Die Alraune bildet kugelige, gelbe Beerenfrüchte.

**5–20 cm**

**ausdauernd**

## DA WÄCHST SIE

Wildkräutersammelnde werden dieser in Südeuropa heimischen Pflanze in freier Natur nur selten begegnen. Sie ist gelegentlich an Wegen und Ruderalplätzen aus Gärten verwildert zu finden.

*Blattrosette mit Blüten in der Mitte*

## VERWENDUNG & GESCHICHTEN

Früher hat man diese stark giftige Pflanze vor allem als Aphrodisiakum, aber auch als betäubendes und schmerzstillendes Mittel eingesetzt und bei Ritualen als halluzinogene Droge genutzt. Sie wurde auch bei Geschwüren, Schlangenbissen und Entzündungen an den Augen verwendet. Heute wird sie medizinisch kaum noch verordnet. In der Homöopathie kennt man eine Anwendung vor allem gegen Bettnässen, Husten, Heiserkeit, Blasenkrämpfe, Schüttellähmung und Schlaflosigkeit. Hildegard von Bingen betrachtete die Alraune als eine Pflanze des Teufels.

## GIFTIGKEIT

- **Stark giftige** Alkaloide (vor allem Scopolamin und Hyoscyamin).
- Die Wirkung ist ähnlich der Tollkirsche und dem Bilsenkraut.
- Schnelle Aufnahme über Haut und Schleimhäute.
- Bei Verzehr: Symptome beginnen mit trockenem Mund, Pupillenerweiterung, Schluckbeschwerden und Schwindel, zunehmend Krämpfe und Herzrasen – oft verbunden mit Wahnvorstellungen –, die bei entsprechender Dosis schließlich zum Tod durch Atemlähmung führen können.

# Ambrosie, Beifußblättrige

*Ambrosia artemisiifolia* · Fam. Korbblütler (Asteraceae)

10–150 cm

einjährig

Die Beifußblättrige Ambrosie wurde in Deutschland erstmals 1860 auf einem Kartoffelacker entdeckt. Erst seit den 1990er Jahren wurde sie zunehmend beobachtet und in den letzten Jahrzehnten wurde sie vermehrt als Problempflanze wahrgenommen. Sie bildet in getrennten Blütenkörbchen weibliche und männliche Blüten und letztere produzieren unglaublich viele Pollen: eine Pflanze bis zu einer Milliarde Pollenkörner. Das, was der Pflanze ihren Fortbestand für die Befruchtung durch den Wind sichert, ist für Allergiker eine Qual.

## DA WÄCHST SIE

Diese einjährige Pflanze begegnet Wildkräutersammelnden am ehesten im Garten unter Vogelfutterplätzen, da die Samen dem Vogelfutter beigemischt sein können. Sie gedeiht auch auf Ruderalflächen, d.h. im Siedlungsbereich, in Neubaugebieten, am Straßenrand oder auf Schutthalden – dort wo der Boden frisch umgebrochen ist.

*Blütenköpfchen*

## VERWENDUNG & GESCHICHTEN

Früher wurde die Ambrosie als Gewürz und Gemüse sehr geschätzt. Der Name *Ambrosia* beschrieb in der griechischen Antike die Speise der Götter, die unsterblich machen sollte. Die Ambrosie diente als Heilpflanze z. B. bei Verdauungsstörungen und zur Blutstillung. In der Homöopathie wird sie auch heute noch vor allem bei Heuschnupfen und Sommerdurchfällen verwendet.

## GIFTIGKEIT

→ Es werden sehr viele Pollen abgegeben, die bei Allergikern heftige Reaktionen hervorrufen. Ihr Allergiepotenzial liegt höher als das der Gräser. Es werden starke Heuschnupfensymptome verursacht, mit geröteten Augen, Jucken, Kopfschmerzen und Husten.
→ Bei Berührung: Empfindliche Personen können mit starken Kontaktallergien reagieren, d.h. Ekzemen, Rötungen und Blasenbildung.
→ Bei Verzehr sind noch keine Vergiftungen bekannt geworden.

## ENTSCHEIDENDE MERKMALE

Viele Blütenkörbchen stehen in einem traubigen Blütenstand zusammen, die männlichen oben, die weiblichen unten.

Mehrere unscheinbare männliche Blüten stehen in einem Blütenkopf zusammen.

Die oben wechsel- und unten gegenständig angeordneten Blätter sind ober- und unterseits grün.

Der runde, behaarte Stängel ist grün bis rötlich und meist stark verzweigt.

### Achtung!

Die fiederteiligen Blätter sind nur im unteren Teil des Stängels gegenständig angeordnet! Im oberen Teil stehen sie wie beim Gewöhnlichen Beifuß wechselständig, sie sind jedoch unterseits nicht silbrig.

## ÄHNLICHE WILDPFLANZEN

Verwechslungsgefahr besteht vor allem mit dem Gewöhnlichen Beifuß. Dieser wird ebenfalls vom Wind bestäubt, hat jedoch ein geringeres Allergiepotenzial. Ähnlich sind auch weitere Arten aus dieser Gattung, die allesamt ungiftig sind. Wermut ist eine seit dem Altertum beliebte Heilpflanze, die durch ihren bitteren Geschmack gut gekennzeichnet ist.
Ähnlich sind auch weitere Korbblütler wie Rainfarn und Stauden-Ambrosie, die allerdings nicht als Wildkraut verzehrt werden und daher meist nicht mit der Beifußblättrigen Ambrosie verwechselt werden.

*Die Blätter vom Beifuß sind unterseits silbrig behaart.*

### Gewöhnlicher Beifuß
*Artemisia vulgaris*
Der Gewöhnliche Beifuß hat eine ähnliche Blattform, allerdings sind die Blätter wechselständig angeordnet und unterseits behaart. Beim Zerreiben kommt der typische Geruch der Blätter zum Vorschein.

*Wermut hat beidseitig silbrig behaarte Blätter.*

### Wermut
*Artemisia absinthium*
Die beidseitig silbrige Behaarung des Wermuts zeichnet diese alte Heilpflanze aus, ebenso ihr bitterer Geschmack. Zudem sind die Blätter wechselständig angeordnet.

### Rainfarn
*Tanacetum vulgare* (S. 107)
Der giftige Rainfarn ist an den gleichmäßiger fiederteiligen Blättern auch ohne die auffälligen Blütenstände gut zu unterscheiden. Die ganze Pflanze hat einen intensiven, charakteristischen Geruch.

*Blühend ist Rainfarn leicht zu erkennen.*

### Stauden-Ambrosie
*Ambrosia psilostachya*
Die Stauden-Ambrosie hat ebenso wie die Beifußblättrige Ambrosie ein hohes Allergiepotenzial. Bei ihr sind stets alle Blätter gegenständig angeordnet und vor allem die Blattunterseiten matter grün und meist stärker behaart.

# Aronstab, Gefleckter

*Arum maculatum* · Fam. Aronstabgewächse (Araceae)

Diese spannende Pflanze treibt im Frühling ihre Blätter aus, wenn auch Bärlauch gedeiht. Da beide oft gesellig miteinander wachsen, ist es umso wichtiger für Wildkräutersammelnde, den Aronstab zu kennen. Durch die scharfen Kristalle in den Blättern wird die Verwechslung bei einer Kostprobe rasch offensichtlich, denn es wird ein stechender und betäubender Schmerz erzeugt.

**15–40 cm**

**ausdauernd**

## DA WÄCHST ER

Dieser Nährstoff- und Frische-Zeiger wächst genau dort, wo auch Bärlauch gedeihen kann: in krautreichen Laubwäldern und Hecken auf nährstoffreichen, eher feuchten Böden.

*Fruchtstände*

## VERWENDUNG & GESCHICHTEN

Mit seiner „Kessel-Gleitfalle" hat er einen ganz speziellen Bestäubungsmechanismus (siehe nächste Seite). Der Kolben produziert Duftstoffe zur Anlockung der Insekten. Im Volksglauben hat man ihn als Phallussymbol gesehen und zur Steigerung der Potenz und Fruchtbarkeit verwendet. Die Giftwirkung nimmt mit dem Kochen und Trocknen ab. Entsprechend zubereitet wurden die Knollen früher geröstet gegessen und arzneilich verwendet. In der Homöopathie wird er gegen Entzündungen der Mundschleimhaut, Beschwerden im Nasen- und Rachenraum, Masern, Scharlach und Mumps verabreicht.

## GIFTIGKEIT

- Neben dem **giftigen** Scharfstoff Aroin enthalten alle Teile nadelförmige Oxalsäure-Kristalle. Sie verletzen die Schleimhäute beim Kauen und fördern die Aufnahme der Giftstoffe.
- Knolle und Beeren enthalten die meisten Giftstoffe. Kinder vergiften sich am ehesten durch den Verzehr der Beeren. Tödliche Vergiftungen sind nur beim Weidevieh dokumentiert.
- Bei Berührung: Hautreizung durch Oxalsäure-Kristalle (Raphiden).
- Bei Verzehr: Erste Anzeichen sind Brennen im Mund durch die Kristalle und Anschwellungen von Zunge und Lippen durch die Giftstoffe. Bei hoher Menge Entzündungen der Schleimhäute, Durchfall, Herzanfälle und Lähmung des ZNS. Meist klingen die Beschwerden jedoch ohne weitere Folgen wieder ab.

## ENTSCHEIDENDE MERKMALE

Im Blütenstand reifen zuerst die unteren, weiblichen Blüten. Insekten rutschen in den Kessel und Reusenhaare (sterile Blüten) versperren den Ausgang, bis die Blüte befruchtet ist und welkt.

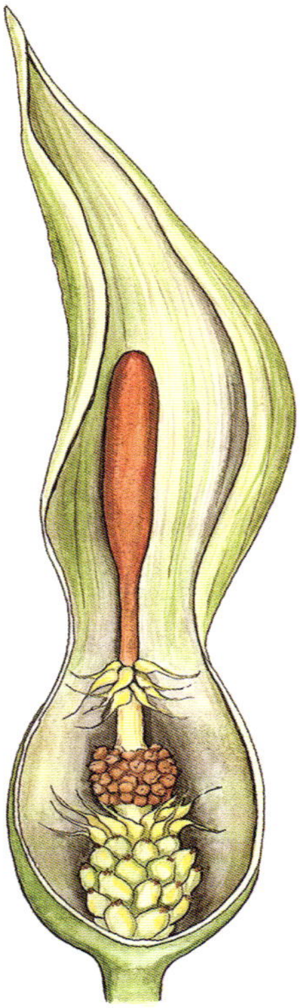

Der Blütenstand ist eine Kesselfalle mit herausragendem Kolben.

Die Blätter sind pfeilförmig und netzadrig, die typischen Flecken können fehlen.

Die ausdauernde Pflanze entspringt einem knolligen Rhizom.

### Achtung!

Beim Austrieb sind die Blätter teils kaum pfeilförmig. Die typischen Flecken können auch bei entfalteten Blättern fehlen!

## ÄHNLICHE WILDPFLANZEN

Verwechslungsgefahr besteht vor allem mit Bärlauch, da beide die gleichen Standortansprüche teilen. Beim Sammeln von Bärlauch ist es ratsam, von jeder Pflanze nur einzelne Blätter oder Blütenstängel zu ernten – so wird der Bestand erhalten und gleichzeitig ist die Gefahr gering, dass falsche Arten im Sammelgut landen – man hat ja schließlich jedes Blatt einmal in der Hand.
Verwechslungen sind auch mit Maiglöckchen oder Herbstzeitlosen denkbar.

*Bärlauch sieht zur Zeit des Austriebs dem Aronstab recht ähnlich.*

### Bärlauch

*Allium ursinum*

Bärlauch speichert die Kraft für den Austrieb im kommenden Jahr in den Zwiebeln im Boden. Wird einer Pflanze jahrelang hintereinander alles Blattgrün genommen, so verkümmert die Pflanze. Das Abschneiden ganzer Bestände birgt zudem die Gefahr, nicht nur Bärlauchblätter zu ernten, sondern auch dazwischen wachsende Arten wie Aronstab oder Maiglöckchen. Erkennen kann man Bärlauch sehr gut an den beidseitig eingerollten Blattränder. Aronstab hat anfangs auch eingerollte Blätter, aber je weiter das Blatt sich entfaltet, desto besser wird die Netzadrigkeit der Blätter des Aronstabes sichtbar.

*Beim Maiglöckchen entfalten sich die Blätter ebenfalls gerollt.*

### Maiglöckchen

*Convallaria majalis* (S. 93)

Die Blätter des Maiglöckchens entfalten sich auch gerollt, aber wie beim Bärlauch sind sie parallelnervig, während die Blätter des Aronstabs netznervig sind und dies ist meist schon recht jung sichtbar.

### Herbstzeitlose

*Colchicum autumnale* (S. 75)

Die Herbstzeitlose kann ebenfalls dort wachsen, wo auch Aronstab und Bärlauch gedeihen.

*Herbstzeitlose wächst hier zwischen Bärlauch.*

### Sauerampfer & Co

*Rumex acetosa, Chenopodium bonus-henricus, Lepidium draba*

Pfeilförmige Blätter besitzen nicht nur der Aronstab, sondern auch Wildkräuter wie beispielsweise Sauerampfer, Guter Heinrich oder Pfeilkresse. Sie wachsen in der Regel auf anderen Standorten und sind gut zu unterscheiden.

# Attich

*Sambucus ebulus* · Fam. Moschuskrautgewächse (Adoxaceae)

Diese stattliche Staude wird auch Zwerg-Holunder genannt. Sie erreicht Wuchshöhen bis zu 2 m. Da ihre Blüten und Früchte dem beliebten Schwarzen Holunder recht ähnlich sehen, sollten Wildkräutersammelnde dieses Gewächs kennen und meiden.

**bis 2 m**

**ausdauernd**

## DA WÄCHST ER

Wie seine Verwandten, der Rote und der Schwarze Holunder, bevorzugt diese Staude nährstoffreiche Böden. Allerdings wächst sie auf basischen Standorten und im Mittelgebirge. Man findet den Attich in Gebüschen, lichten Wäldern, Kahlschlägen und Staudenfluren im Siedlungsbereich. In den Alpen gedeiht er bis ca. 1500 m Höhe.

*Blütenstand*

## VERWENDUNG & GESCHICHTEN

Die Früchte wurden früher als harn- und schweißtreibendes Mittel in der Medizin verwendet. Sie wurden auch zum Färben von Wein und Textilien (hellblau) benutzt. Dazu wurde der Saft direkt oder die Beeren in Wasser gekocht verwendet. Die Farbwirkung soll noch intensiver sein als die des Schwarzen Holunders.

## GIFTIGKEIT

- **Giftige** Wirkstoffe (Bitterstoffe, Glykoside, Kaffeesäure, p-Cumarsäure) in allen Pflanzenteilen, besonders den Samen.
- Die Giftwirkung bleibt im Gegensatz zu der des Schwarzen Holunders auch nach dem Abkochen erhalten.
- Bei Verzehr: Übelkeit, Durchfall, Erbrechen, Schwindelgefühl, Kopfschmerzen, Pupillenerweiterung und Herzbeschwerden. Es soll sogar tödliche Vergiftungen gegeben haben.

## ENTSCHEIDENDE MERKMALE

Aus dem meist aufrechten, doldenrispigen Blütenstand mit den weißen, fünfzähligen Blüten reifen beerenartige Steinfrüchte.

Blätter unpaarig gefiedert mit 5–13 Fiederblättchen, im Bereich des Blütenstandes sind es weniger als an der Basis der Pflanze.

Der Stängel ist gefurcht und meist unverzweigt.

Blätter gegenständig angeordnet mit Nebenblättern und schiefem Blattansatz.

### Achtung!

Die den Schwarzen-Holunder-Beeren recht ähnlich sehenden reifen „Beeren“ (Steinfrüchte) stehen meist in aufrechten Fruchtständen.

## ÄHNLICHE WILDPFLANZEN

Verwechslungsgefahr besteht vor allem mit Schwarzem oder Rotem Holunder. Auch diese nahe verwandten Arten haben einen ähnlichen, von den meisten Menschen als unangenehm empfundenen Duft, der vor allem beim Zerreiben der Blätter deutlich wird.
Verwechslung ist ebenso denkbar mit krautigen Pflanzen mit gefiederten Blättern. Diese sind jedoch zierlicher, und durch den typischen Geruch ist der Attich meist gut zu unterscheiden. Dies trifft neben Baldrian, Flockenblume und Skabiosen auf weitere Arten wie die Himmelsleiter (*Polemonium caeruleum*) oder die Gattung Merk (*Sium*) zu.

*Der Schwarze Holunder ist ein Gehölz.*

### Schwarzer und Roter Holunder

*Sambucus nigra* und *S. racemosa*

Diese beiden Arten aus der Gattung Holunder sind Gehölze, während der Attich als Staude seine gesamte oberirdische Masse jedes Jahr neu ausbildet. Darüber hinaus sind die Fiederblättchen des Attich länglicher und der Blüten- und Fruchtstand meist aufrecht.

*Baldrian hat Blätter mit typisch grob gezähntem Blattrand.*

### Baldrian-Arten

Gattung *Valeriana*

Arten aus der Gattung Baldrian können vor allem zur Zeit des Austriebs recht ähnlich aussehen, dies sind vor allem Echter (*Valeriana officinalis*) und Holunderblättriger Baldrian (*V. sambucifolia*). Ihre ebenfalls gegenständigen Blätter haben einen ganz anderen Geruch (Blätter zerreiben!) und einen grob gezähnten Blattrand.

### Skabiosen-Flockenblume

*Centaurea scabiosa*

Die Skabiosen-Flockenblume (*Centaurea scabiosa*) und Skabiosen (Gattung *Scabiosa*) sind ebenfalls ähnlich. Erstere kann an ihren wechselständig angeordneten Blättern gut unterschieden werden. Skabiosen haben gegenständig angeordnete Blätter, sind allerdings viel zierlicher als der Attich und haben ganz andere Blüten.

*Die Skabiosen-Flockenblume hat wechselständig angeordnete Blätter.*

# Bärenklau, Riesen-

*Heracleum mantegazzianum* · Fam. Doldengewächse (Apiaceae)

Es gibt zwei gute Gründe dieses Doldengewächs zu erkennen. Zum einen sollte ein Hautkontakt mit ihm vermieden werden. Zum anderen ist vielerorts zu beobachten, wie Echte Engelwurz (*Angelica archangelica*) vernichtet wird, weil sie fälschlicherweise aufgrund der stattlichen Größe für den Riesen-Bärenklau gehalten wird. Alleine an der Blütenfarbe sind beide Arten leicht zu unterscheiden, denn der Bärenklau blüht weiß und die Engelwurz gelbgrün.

**bis über 3 m**

**zwei- bis mehrjährig**

## DA WÄCHST ER

Dieser bis über 3 m große Doldenblütler ist ein Neubürger, der etwa 1890 aus dem Kaukasus als Zierpflanze für größere Gartenanlagen eingeführt wurde und verwildert. Er bevorzugt Wald- und Wegränder auf nährstoffreichen Standorten.

*Spitz zulaufende, kahle Blätter*

## VERWENDUNG & GESCHICHTEN

Er wird aufgrund seiner stattlichen Größe auch Herkulesstaude genannt. Allerdings ist er keine echte Staude. Die Pflanze wird 2–7 Jahre alt, bevor sie blüht und nach der Fruchtreife abstirbt.

## GIFTIGKEIT

- → Hautreizende Furocumarine in allen Teilen.
- → Bei Berührung und Sonneneinwirkung: Hautentzündungen (Photodermatitis). Bei Kontakt mit der Pflanze sollte auf jeden Fall Schutzkleidung getragen werden. Wenn der Pflanzensaft dennoch auf die Haut gelangt ist, so schnell wie möglich abwaschen und vor Sonneneinstrahlung schützen, d.h. bedecken oder Sonnenschutz auftragen.
- → Der Verzehr scheint keine Probleme zu bereiten. Im Kaukasus wird das Mark der Pflanze verspeist.
- → Der Giftgehalt scheint starken Schwankungen zu unterliegen.

## ENTSCHEIDENDE MERKMALE

Die weißen Blüten stehen in einer Doppeldolde, die sich aus bis zu 150 Döldchen zusammensetzt. Die randlichen Blütenblätter sind oft vergrößert.

Die ca. 1 m großen Blätter sind fiederteilig und kahl.

Die ovalen Früchte sind flach und am Rand borstig behaart.

Die Blätter sind wechselständig und haben an der Basis eine auffällige Blattscheide.

### Achtung!

Weder die auffällige Blattscheide noch die Größe sind sichere Merkmale für die Erkennung dieser Pflanze.

# ÄHNLICHE WILDPFLANZEN

Verwechslungsgefahr besteht vor allem mit anderen Doldengewächsen mit grob gefiederten Blättern und stattlicher Größe. Der Wiesen-Bärenklau kann ebenfalls über 2 m Größe erreichen und auch die Echte Engelwurz wird über 3 m groß, sodass die Gestalt als Merkmal alleine zur Unterscheidung nicht ausreicht.

## Wiesen-Bärenklau

*Heracleum sphondylium*

Blühend sind beide Arten gut zu unterscheiden, denn die Blütendolden des Riesen-Bärenklaus sind meist kugeliger und aus 50–150 Döldchen zusammengesetzt, während es beim Wiesen-Bärenklau nur 15–45 Döldchen sind. Außerdem hat Letzterer borstig behaarte Blattstiele und Blätter, die zudem weniger spitz enden.

*Wiesen-Bärenklau mit besonders großem Blatt.*

## Echte Engelwurz

*Angelica archangelica*

An den gelbgrünen Blüten ist dieses Heil- und Küchenkraut leicht von den Bärenklau-Arten und der Wald-Engelwurz zu unterscheiden. Vor der Blüte erkennt man sie an den zwei- bis dreifach gefiederten, stark aromatisch duftenden Blättern sowie dem runden, überwiegend glatten Stängel und Blattstiel.

*Echte Engelwurz im Heilpflanzengarten Freiburg.*

## Wald-Engelwurz

*Angelica sylvestris*

Die weiß blühende Wald-Engelwurz hat meist zweifach gefiederte Blätter und einen rinnigen Blattstiel. Ihr Stängel ist ebenfalls rund und kahl. Wie viele ihrer Verwandten sind die austreibenden Blätter von einer dicken Blattscheide geschützt.

*Die Wald-Engelwurz besitzt ebenfalls große Blattscheiden.*

# Bilsenkraut

*Hyoscyamus niger* · Fam. Nachtschattengewächse (Solanaceae)

Dieses 20–80 cm große, klebrig-zottige Nachtschattengewächs mit dem unangenehmen Geruch ist eine gefürchtete Giftpflanze mit spannender Geschichte.

**20–80 cm**

**ein- bis zweijährig**

## DA WÄCHST ES

Diese aus dem Mittelmeerraum stammende ein- oder zweijährige Pflanze begegnet Wildkräutersammelnden am ehesten an Burgruinen, Wegrändern und Schuttplätzen mit nährstoffreichen Böden.

*Typische Kapselfrucht*

## VERWENDUNG & GESCHICHTEN

In der Antike spielte diese Pflanze eine bedeutende Rolle als Rauschmittel und sie war Bestandteil der „Hexensalben". Darüber hinaus verwendete man sie als beruhigendes und schmerzstillendes Mittel und man hat sie auch in Form von Ölauszügen oder als Umschlag aufgelegt. Das Bilsenkraut wurde auch verwendet, um zum Tode Verurteilte vor der Hinrichtung zu betäuben. In einigen Regionen wurde es dem Bier zugesetzt, um die Rauschwirkung zu steigern. Es wurde auch zum Hühnerstehlen benutzt: Die verräucherten Samen betäubten die Hühner und ließ sie von den Stangen fallen. So konnten sie unauffällig davongetragen werden. Bilsenkraut wurde auch zum „Schadzauber" verwendet.
In der Homöopathie schätzt man Bilsenkraut u. a. bei gesteigerter Reizbarkeit.

## GIFTIGKEIT

→ **Tödlich giftige** Alkaloide (Atropin, Hyoscyamin, Scopolamin u. a.), vor allem in den Samen. Für Kinder sind ca. 15 Samen tödlich.
→ Giftwirkung ähnlich wie bei Alraune (S. 21), Tollkirsche (S. 135) und Engelstrompete.
→ Bei Berührung: Schnelle Aufnahme über Haut und Schleimhäute.
→ Bei Verzehr: Trockener Mund, Pupillenerweiterung, Schluckbeschwerden, Schwindel, Krämpfe und Herzrasen – oft verbunden mit Wahnvorstellungen und Tobsuchtsanfällen –, die bei entsprechender Dosis schließlich zum Tod führen können.

# Diptam

*Dictamnus albus* · Fam. Rautengewächse (Rutaceae)

Diese etwa 1 m große Pflanze mit dem intensiven Duft und den hübschen Blüten sollten Wildkräutersammelnde vor allem deswegen kennen, weil man bei der Berührung mit ihr vorsichtig sein muss.

**60–120 cm**

**ausdauernd und geschützt**

## DA WÄCHST ER

Man findet die vor allem im Mittelmeergebiet verbreitete, ausdauernde Staude in wärmebegünstigten Lagen in Waldlichtungen, Gebüschen und Säumen auf trockenen, kalkhaltigen und stickstoffarmen Böden in halbschattiger Lage. Sie steht unter Naturschutz!

*Drüsig behaarte Balgfrüchte*

## VERWENDUNG & GESCHICHTEN

Die Ausdünstungen der in den Ölbehältern der Blätter gebildeten ätherischen Öle sind so stark, dass man den zitronen- bis zimtartigen Duft der Pflanze an sonnigen Tagen schon von Weitem wahrnehmen kann. Dabei entsteht ein brennbares Gas, das sich an heißen Tagen sogar selbst entzünden kann. Daher auch der Name „brennender Busch". Die Pflanze nimmt dabei keinen Schaden.
Früher wurde Diptam als harntreibendes Mittel sowie gegen Nervenleiden, Würmer, Wechselfieber, Frauenkrankheiten und Periodenbeschwerden eingesetzt.

## GIFTIGKEIT

- Wirkstoffe sind ätherische Öle und Furochinolinalkaloide (Dictamnin u. a.).
- Bei Berührung: Die **phototoxischen** Wirkstoffe lösen eine Empfindlichkeit gegen Sonnenlicht aus und können zu langwierigen, verbrennungsartigen Verletzungen führen. Beim Anfassen unbedingt Handschuhe tragen! Falls es zur Berührung kam, die entsprechende Hautstelle vor Sonneneinstrahlung schützen.
- Bei Verzehr: Die Pflanze gilt als schwach giftig und kann zu Verdauungsproblemen und Störungen des Zentralnervensystems führen, es sind jedoch kaum schwerwiegende Vergiftungen nach dem Verzehr dokumentiert.

# Efeu

*Hedera helix* · Fam. Araliengewächse (Araliaceae)

Efeu steht seit alters her für Freundschaft, Treue und ewiges Leben. In Griechenland überreichte man jung vermählten Paaren einen Efeuzweig, außerdem ist es eine alte Orakelpflanze. Allerdings sollte nicht vergessen werden, dass diese bis 450 Jahre alt werdende Liane giftig ist. Einige Tiere vertragen sie unbeschadet und verbreiten ihre Samen.

**bis 20 m**

**rankend, verholzend**

## DA WÄCHST ER

Efeu klettert an Bäumen, Ruinen und Hauswänden empor. Er entzieht dem Trägerbaum keine Nährstoffe, kann ihm jedoch indirekt durch Lichtentzug oder starkes Gewicht schaden.

*Blütenstand*

## VERWENDUNG & GESCHICHTEN

Extrakte aus den Blättern sind Bestandteil einiger Präparate gegen Asthma, Husten, Keuchhusten und Bronchitis. Früher hat man Efeu in Form von Umschlägen auch äußerlich bei Hautproblemen, Neuralgien, Rheuma und Gicht aufgelegt und gegen Parasiten verabreicht. Man sagt den Wirkstoffen auch antibiotische Eigenschaften und Hemmwirkungen auf Pilze nach. In der Homöopathie behandelt man mit Efeu vor allem Schilddrüsenüberfunktion, Schleimhautkatarrhe und Erkrankungen der Atemwege. Efeu eignet sich für kosmetische Produkte bei Zellulitis, Hautunreinheiten und Ekzemen. Durch die Saponine eignet er sich als Waschmittelersatz.

## GIFTIGKEIT

→ **Giftige** Glykoside, Saponine (Hederin), Falcarinol. Die Beeren enthalten die meisten Giftstoffe.
→ Bei Verzehr: Es sind keine tödlichen Vergiftungen bekannt. Kinder vertragen bis zu 5 Beeren ohne Therapie. Bei der GIZ werden häufig Vergiftungen gemeldet, von denen nur in 10 % der Fälle leichte Symptome (Erbrechen und Durchfall) auftreten, 90 % sind ohne Symptome. Größere Mengen sind unwahrscheinlich, da die Beeren bitter schmecken.
→ Bei Berührung: Probieren Sie vorsichtig, ob eine Kontakt-Allergie (Kontaktdermatitis) besteht oder arbeiten Sie von vornherein mit Handschuhen. Äußerliche Anwendung: Überdosierung z. B. bei Produkten der Naturkosmetik wirkt reizend für Haut und Schleimhäute!

# Eibe

*Taxus baccata* · Fam. Eibengewächse (Taxaceae)

Dieses tödlich giftige Gehölz müssen Wildpflanzensammelnde auf jeden Fall kennen, wenn sie aus den jungen Trieben von Nadelbäumen Sirup, Liköre oder Schokodelikatessen zubereiten wollen.

**15–18 m**

**Baum oder Strauch**

## DA WÄCHST SIE

Durch die starke Nutzung des Holzes und die Vernichtung zur Zeit der Waldweide, um Viehvergiftungen zu verhindern, ist dieses Gehölz selten geworden und wird Wildkräutersammelnden vor allem in Parks und Gärten begegnen. Eiben werden über 1000 Jahre alt und ihre ursprünglichen Vorkommen sind geschützt!

*Auffälliger Arillus*

## VERWENDUNG & GESCHICHTEN

Die Eibe galt in vielen Kulturen als Totenbaum und wurde oft an heiligen Orten und Friedhöfen gepflanzt. Man glaubte, sie vertreibe Dämonen, und trug sie als Amulett. Als Räucherkraut soll sie Insekten vertreiben und den Kontakt zu den eigenen Wurzeln fördern. Ihr Saft wurde zur Herstellung von Pfeilgift genutzt. Das zähe, elastische Holz fand Verwendung in Wagenrädern und Waffen; Ötzi trug einen Axtgriff aus Eibenholz. In der Homöopathie wird sie bei Gicht, Lebererkrankungen, Rheuma, Blasen- und Hautleiden eingesetzt. Die Nadeln liefern einen gelben Farbstoff, die Rinde färbt altrosa.

## GIFTIGKEIT

- **Tödlich giftige** Wirkstoffe (Taxane) in allen Pflanzenteilen außer dem roten Samenmantel (Arillus). 50–100 g der Nadeln können tödlich sein und es gibt kein Gegenmittel.
- Tödliche Vergiftungen kommen auch bei Pferden vor, wenn das Schnittgut versehentlich auf die Weide geworfen wird.
- Bei Verzehr: Bereits nach 30 Minuten können Übelkeit, Erbrechen, Bauchschmerzen und Schwindel auftreten, in schweren Fällen auch Krampfanfälle, Bewusstseinsverlust, Atemnot und Herzrhythmusstörungen, die zum Kreislaufstillstand führen können.
- Beim Verschlucken der Frucht mitsamt der unzerkauten Samen ist keine Vergiftung zu erwarten – auch bei größeren Mengen nicht.

## ENTSCHEIDENDE MERKMALE

Nadeln weich und biegsam, Oberseite mit mittig erhabener Rippe und Unterseite mit zwei hellen Wachsstreifen.

Die Samen sind von einem roten Samenmantel (Arillus) umgeben.

Dieses immergrüne Gehölz wächst baum- oder strauchförmig.

Eiben sind in der Regel zweihäusig, d.h. es gibt Exemplare mit nur männlichen (Foto vorherige Seite) und andere mit nur weiblichen Blütenständen.

### Achtung!

Die jungen Zweige sind grün und weich. Ähnlich wie Tannen besitzen sie zwei helle Wachsstreifen auf den Unterseiten der Nadeln.

## ÄHNLICHE WILDPFLANZEN

Verwechslungsgefahr besteht vor allem bei der Verwendung der Maitriebe anderer Nadelgehölze. Daher ist es wichtig ihre Unterschiede auch sicher zu erkennen, wenn keine Zapfen zu sehen sind.

### Fichte

*Picea abies*

Der Merkspruch „Fichte sticht, Tanne nicht“ hilft auch bei der Unterscheidung zur Eibe mit ihren weichen Nadeln. Die der Fichte sind zudem mit ca. 1 mm nur halb so breit wie die der Eibe mit ca. 2 mm. Außerdem stehen sie bei der Eibe zweizeilig (in einer Ebene) am Zweig, während sie bei der Fichte nahezu spiralig am Zweig angewachsen sind. Fichten werfen ihre Zapfen als Ganzes ab.

*Nadeln der Fichte (Oberseite).*

### Tanne

*Abies alba*

Durch ihre ebenfalls biegsamen, oft zweizeiligen Nadeln mit den hellen Wachsstreifen auf der Unterseite sind Tannenzweige besonders ähnlich. Sie sind auch ähnlich breit. Allerdings haben die Nadeln der Tannen eine rundliche Ansatzstelle, während diese bei der Eibe am Zweig herablaufen. Die Zapfen der Tanne lösen sich bei allen Arten der Gattung Tanne (*Abies*) noch am Baum auf, sodass nie Tannenzapfen zu finden sind.

*Nadeln der Tanne (Unterseite).*

### Douglasie

*Pseudotsuga menziesii*

Dieser aus Nordamerika stammende Nadelbaum ist an den lang aus den Zapfen herausragenden Deckschuppen leicht zu erkennen. Die weichen Nadeln haben beim Zerreiben einen zitrusartigen Duft. Ihnen fehlt im Gegensatz zur Tanne der rundlich verdickte Blattansatz an der Basis.

*Zapfen der Douglasie.*

### Lärche

*Larix decidua*

Da dieser sommergrüne Nadelbaum seine Nadeln in Kurztrieben bildet, besteht hier die geringste Verwechslungsgefahr.

# Eisenhut, Blauer

*Aconitum napellus* · Fam. Hahnenfußgewächse (Ranunculaceae)

Er ist eine der giftigsten Pflanzen unserer Heimat, mit der früher auch Pfeile und Köder bestrichen wurden. Wildkräutersammelnde müssen ihn unbedingt kennen, um die Blätter nicht mit denen anderer Wildkräuter zu verwechseln.

**50–150 cm**

**ausdauernd und geschützt**

## DA WÄCHST ER

Dieses 50–150 cm hohe Hahnenfußgewächs wird auch in verschiedenen Sorten gezüchtet und als Zierpflanze in Gärten gepflanzt. Wild begegnet es Wildkräutersammelnden vor allem in den Alpen und Mittelgebirgen auf feuchten Wiesen und entlang von Bachufern auf kalkhaltigen Böden. Er steht wie alle Eisenhut-Arten unter Naturschutz.

*Einzelne Blüte*

## VERWENDUNG & GESCHICHTEN

Der griechischen Sage nach ist der Eisenhut aus dem Speichel des Höllenhunds Kerberos entstanden, dem Wächter der Tore zur Unterwelt. Eisenhut soll auch Bestandteil der „Hexensalben" gewesen sein. Die Homöopathie setzt ihn bei akuten Entzündungen und schmerzhaften Nervenerkrankungen ein. In der Spagyrik schätzt man ihn als „Antischockmittel" und um energetische Blockaden zu lösen. Durch das spezielle Verfahren der Aufbereitung sind keine Giftstoffe mehr in dem Präparat enthalten.

## GIFTIGKEIT

→ **Tödlich giftige** Alkaloide (vor allem Aconitin, Mesaconitin, Hypaconitin, Lycaconitin) in allen Pflanzenteilen, besonders der Wurzel, von der 2–5 g tödlich sein können (1–2 mg Aconitin pro kg Körpergewicht).
→ Schnelle Aufnahme über Haut und Schleimhäute.
→ Bei Berührung: Hautkontakt kann bereits Vergiftungserscheinungen hervorrufen, die sich durch Hitzeempfinden, Brennen und Taubheitsgefühl äußern.
→ Bei Verzehr: zunächst Prickeln und Taubheit der Zunge und Lippen, gefolgt von Kälteempfindlichkeit, Übelkeit, Lähmungen, Herzrhythmusstörungen und Krämpfen, die mit einer tödlichen Kreislauflähmung enden können.

## ENTSCHEIDENDE MERKMALE

Die einzelnen Blüten stehen in einem traubigen Blütenstand.

Die blauen bis violetten Blüten sind helmförmig. Sie sind in der Farbe recht variabel und meist behaart.

Die kahlen, handförmig geteilten Blätter sind sehr variabel. Die unteren sind in der Regel tief fünf- bis siebenfach geteilt. Nach oben werden sie weniger gegliedert.

Die Blätter dieser 50–150 cm großen Pflanze stehen wechselständig am Stängel.

### Achtung!

Es gibt weitere Arten in der Gattung Eisenhut, die ebenso giftig sind. Der Wolfs-Eisenhut (*Aconitum lycoctonum*) wurde zum Vergiften von Wölfen verwendet, daher sein Name.

## ÄHNLICHE WILDPFLANZEN

Zur Blütezeit ähnelt Eisenhut Arten der Gattung Rittersporn (*Delphinium*), die ebenfalls giftig sind. Sie haben – wie der Name beschreibt – gespornte Blüten. Ohne die Blüten sind die sehr variablen Blätter des Eisenhuts vor allem denen von Storchschnabelgewächsen ähnlich! Verwechslungen mit denen von Sterndolden- oder Hahnenfuß-Arten (S. 71) sowie Trollblumen kommen praktisch nicht vor, da man diese nicht für kulinarische Zwecke sammelt (Hahnenfuß-Arten und Trollblume sind giftig).

### Strochschnabel-Arten

*Gattung Geranium*

In der Gattung Storchschnabel gibt es einige Arten mit ähnlicher Blattform, am ähnlichsten sind Wald- (*Geranium sylvaticum*) und Wiesen-Storchschnabel (*G. pratense*). Diese sind zwar keine besonders geschätzten Wildkräuter, doch werden sie als essbar betrachtet – und dürfen auf keinen Fall mit denen vom Eisenhut verwechselt werden! Sie sind meist ebenso wie der Stängel behaart.

*Die handförmigen Blätter des Wiesen-Storchschnabels sind behaart.*

### Gewöhnlicher Beifuß

*Artemisia vulgaris*

Auf den ersten Blick mögen die Blätter ähnlich wirken, durch die silbrige Blattunterseite und die gefiederte Blattfläche (nicht handförmig) lassen sie sich aber gut vom Eisenhut unterscheiden.

*Beifuß ist an der silbrigen Blattunterseite zu unterscheiden.*

### Sterndolde

*Astrantia minor* und *A. major*

Die Kleine und die Große Sterndolde haben ebenfalls handförmig geteilte Blätter. Sie gedeihen in den Höhenlagen und haben weißliche Blütendolden mit sternförmigen Hüllblättern. Sie wachsen auch als Zierpflanze in Gärten.

*Die Große Sterndolde ist ein Doldengewächs.*

### Hahnenfuß-Arten und Trollblume

*Gattung Ranunculus* (S. 71) *und Trollius europaeus* (S. 139)

Diese Giftpflanzen sind weit weniger gefährlich als die Eisenhut-Arten. Ihre Blattform kann recht ähnlich aussehen.

# Fingerhut, Roter

*Digitalis purpurea* · Fam. Wegerichgewächse (Plantaginaceae)

Fingerhut ist eine der giftigsten und heilsamsten Pflanzen zugleich. Die Blätter dürfen auf keinen Fall mit denen essbarer Wildkräuter verwechselt werden.

**40–150 cm**

**zweijährig**

## DA WÄCHST ER

Wildkräutersammelnden begegnet diese hübsche Pflanze in Gärten und wild auf sonnigen bis halbschattigen Kahlschlägen, Lichtungen und an Waldwegen auf sauren, humusreichen Böden – hier können auch Königs- und Nachtkerzen gedeihen. Dort wo sich an Grabenrändern Arten feuchter Standorte hinzugesellen, ist auch Beinwell zu finden.

*Kapselfrucht*

## VERWENDUNG & GESCHICHTEN

In der richtigen Dosis in Form von Präparaten leisten die Inhaltsstoffe als Herzmittel gute Dienste, sie erhöhen die Pumpleistung des Herzmuskels und verbessern einen unregelmäßigen Herzschlag, dadurch werden die Blutzirkulation im Körper verbessert und Wasserstauungen vermindert. Der Wollige Fingerhut (*Digitalis lanata*) mit gleichen Inhaltsstoffen wird durch die einfachere Kultivierung in der Medizin bevorzugt. In der Homöopathie wird er mit einem ähnlichen Anwendungsbereich verabreicht. In jüngster Zeit wird die Anwendung von Abkochungen der Blätter für Umschläge zur Wundheilung wieder stärker beachtet. Durch die geringe therapeutische Bandbreite darf er in keinem Fall zur Selbstbehandlung verwendet werden.
Für die Pflanzenfärberei liefern die Blätter einen gelben Farbton.

## GIFTIGKEIT

→ **Tödlich giftig** durch herzwirksame Glykoside (Digitoxin, Digoxin, Gitoxin, Lanatosid) in allen Pflanzenteilen, bereits 2–5 Blätter können tödlich wirken.

→ Bei Verzehr: Erste Anzeichen sind Schwindel, Übelkeit, Erbrechen und Ohrensausen sowie Reizleitungsstörungen, Halluzination, Vorhofflimmern und starkes Absinken des Herzrhythmus (Puls unter 50 Schläge pro Minute), was bei entsprechender Dosis schließlich zum Tod durch Herzstillstand führt.

## ENTSCHEIDENDE MERKMALE

Die Blüten stehen in traubigen Blütenständen.

Die zwittrigen Blüten sind auffällig gefleckt.

Die einfachen Blätter sind wechselständig angeordnet und haben einen stumpf gekerbt-gesägten Rand.

Zur Reifezeit werden Kapselfrüchte mit unzähligen winzigen Samen gebildet.

### Achtung!

Die Pflanze ist zweijährig, d.h. im ersten Jahr werden Blattrosetten gebildet und im zweiten Blütenstände. Verwechslungsgefahr besteht also vor allem im ersten Jahr.

## ÄHNLICHE WILDPFLANZEN

Blühend ist der Rote Fingerhut leicht kenntlich. Einige beliebte Wildkräuter wie Nacht- und Königskerzen sind ebenfalls zweijährig und bilden im ersten Jahr ähnliche Blattrosetten mit einfachen Blättern.
Verwechslungsgefahr für Wildkräuterinteressierte besteht auch mit großblättrigen Pflanzen wie Beinwell oder Goldruten. Laut GIZ sind auch Verwechslungen mit Borretsch, Porree und Melisse vorgekommen.

*Beinwell hat ebenfalls große behaarte Blätter.*

### Beinwell
*Symphytum officinale*

Die Blätter des Beinwells sind borstiger behaart und ihr Blattrand ist nicht stumpf gekerbt-gesägt, wie dies beim Fingerhut der Fall ist. Zudem bildet diese ausdauernde Pflanze keine Rosetten ohne Blütentriebe.

*Blattrosette einer Köngiskerze.*

### Königskerzen-Arten
Gattung *Verbascum*

Die meisten Arten dieser Gattung haben heller grüne und weicher behaarte Blätter. Da man von ihnen ohnehin in der Regel die Blüten verwendet, ist die Verwechslungsgefahr mit den Blättern nicht sehr groß.

### Nachtkerze
*Oenothera biennis*

Die Blätter der Nachtkerze sind in der Regel kahl und nahezu ganzrandig. Auch an ihrem auffällig hellen Mittelnerv können beide Arten auseinandergehalten werden.

*Die Blätter der Nachtkerzen sind in der Regel kahl.*

### Goldruten-Arten
Gattung *Solidago*

Die Arten dieser Gattung sind ausdauernd und sie bilden nicht wie der Fingerhut Blattrosetten. Von ihnen werden in der Regel die Blüten verwendet, daher ist die Verwechslungsgefahr mit den Blättern auch hier nicht sehr groß.

# Gauchheil, Acker-

*Anagallis arvensis* · Fam. Primelgewächse (Primulaceae)

Diese zierliche, bis 40 cm hohe Pflanze mit ihren leuchtend gefärbten Blüten hat einen bitteren Geschmack und ist nicht tödlich giftig. Daher stellt sie für Wildkräutersammelnde keine große Gefahr dar. Dennoch sollte man sie kennen, um Verwechslungen mit essbaren Kräutern zu vemeiden. Das Vieh meidet sie auf Weiden, solange noch genügend andere Kräuter und Gräser wachsen.

**5–30 cm**

**einjährig**

## DA WÄCHST ER

Wildkräutersammelnde begegnen diesem hübschen, einjährigen Ackerwildkraut dort, wo auch die Vogelmiere vorkommt: auf Äckern, in Gärten, an Wegrändern und auf Ruderalflächen. Auf Wiesen und im Grünland wächst sie vor allem auf gestörten Stellen, wo die Erde offen liegt und den Samen Möglichkeit zum Keimen bietet. Es ist ein Archäophyt, der aus dem Mittelmeergebiet stammt.

*Fruchtkapseln*

## VERWENDUNG & GESCHICHTEN

Die Pflanze wurde früher auch Nebelpflanze oder Wetterkraut genannt und zur Vorhersage des Wetters benutzt, da sich die Blüten bei aufziehendem Regen sehr früh schließen.
Als „Gauch" bezeichnete man ehemals Narren – und so verdankt diese Pflanze ihren Namen der ehemaligen Verwendung zur Heilung von Geisteskrankheiten. Außerdem hat man sie gegen Geschwüre eingesetzt. Im antiken Griechenland verordnete man sie auch gegen Depressionen. Die Homöopathie kennt eine Anwendung gegen verschiedene Ausschläge und Nervenleiden. In Indien soll die Pflanze zur Erleichterung des Fischfanges eingesetzt werden.

## GIFTIGKEIT

- Alle Pflanzenteile sind vor allem aufgrund des hohen Saponingehaltes **schwach giftig**, besonders die Wurzeln.
- Neben den Saponinen enthält die Pflanze auch Glykoside sowie Gerb- und Bitterstoffe.
- Das Vieh meidet diese Pflanze, da sie einen bitteren Geschmack hat.
- Bei Verzehr: Reizungen und Entzündungen der Verdauungsorgane und Störungen des Nervensystems.

## ENTSCHEIDENDE MERKMALE

### Achtung!

Ohne die hübschen Blüten sehen Arten der Nelken- und Enziangewächse mit ihren einfachen, gegenständig angeordneten Blättern teils recht ähnlich aus.

## ÄHNLICHE WILDPFLANZEN

Verwechslungsgefahr besteht vor allem mit der Vogelmiere. Blühend sind beide Arten an der unterschiedlichen Blütenfarbe leicht zu erkennen, doch ohne Blüten sehen sich Blätter und Wuchsform recht ähnlich.
Interessant ist auch, dass die Blüten meist rot sind, jedoch auch blau gefärbt sein können. Zur Unterscheidung vom selteneren Blauen Gauchheil (*Anagallis foemina*) sind dann feine Merkmale wie die Behaarung von Kelch- und Kronblättern entscheidend. Beide Arten sind ähnlich giftig.

*Die Haarleiste der Vogelmiere verläuft einseitig am Stängel.*

### Vogelmiere

*Stellaria media*

Durch den runden, einreihig behaarten Stängel ist dieses beliebte Wildkraut gut zu unterscheiden, auch wenn die Blüten fehlen. Oft wird ihr „Darm" als Merkmal angegeben, d.h. die fadenartig herausziehbaren Gefäße in der Mitte des Stängels. Dies besitzen jedoch auch andere Nelkengewächse wie beispielsweise Wasserdarm (*Myosoton aquaticum*) und Hain-Sternmiere (*Stellaria nemorum*).
Beide sind ungiftig.

*Die Dreinervige Nabelmiere hat dreiadrige Blätter.*

### Dreinervige Nabelmiere

*Moehringia trinerva*

Diese ungiftige, aber eher ungenießbare Pflanze hat einen runden, anliegend behaarten Stängel und dreiadrige Blätter, denen sie ihren Namen verdankt.

### Tausendgüldenkraut

Gattung *Centaurium*

Die Arten der Gattung *Centaurium* haben ähnliche, ebenfalls gegenständige Blätter. An ihrer aufrechten Wuchsform sind diese Enziangewächse auch ohne ihre hübschen Blüten gut zu unterscheiden.

*Blühend ist das Echte Tausendgüldenkraut leicht zu erkennen.*

# Germer

*Veratrum album* und *V. nigrum* · Fam. Germergewächse (Melanthiaceae)

Die Arten dieser Gattung sind hübsche und stattliche Pflanzen, die vor allem in Bergregionen verbreitet sind. Neben dem Weißen und Schwarzen Germer gibt es Unterarten mit grün-gelblichen bis gelblichen Blüten. Verwechslungen sind mit Enzian denkbar und als Einkeimblättrige ähneln die Blätter denen von Bärlauch, Maiglöckchen und Herbstzeitloser.

**50–150 cm**

**ausdauernd**

## DA WÄCHST ER

Diese bis 1,5 m hohe Staude mit den wechselständigen Blättern und kräftigem Wuchs finden Wildkräutersammelnde auch dort, wo Enzian gedeiht: auf Bergwiesen und Hochstaudenfluren. Sie bevorzugt feuchte Standorte und ist auch in Flachmooren zu finden, in den Alpen bis ca. 2700 m Höhe.

*Austrieb im Frühjahr*

## VERWENDUNG & GESCHICHTEN

Früher wurde aus der Wurzel Pfeilgift hergestellt. Pulverisiert reizt die Wurzel zum Niesen, allerdings ist der Zusatz von Weißem Germer in Niespulver durch die starke Giftwirkung verboten. In der Antike wurde der Germer auch medizinisch gegen Bluthochdruck verabreicht. Heute ist er nur noch Bestandteil homöopathischer Anwendungen.

## GIFTIGKEIT

- **Tödlich giftige** Alkaloide (Protoveratrin, Jervin, Germerin u. a.) in allen Teilen und vor allem der Wurzel. Bereits ab 2 g können schwerwiegende Vergiftungen auftreten und die tödliche Dosis liegt bei 100 g.
- Die Wirkung ist ähnlich der von Eisenhut (S. 49), wobei Eisenhut stärker auf das Nervensystem wirkt, während Germer mehr den Kreislauf und das Herz beeinflusst.
- Bei Verzehr: Kribbelparästhesien, Erbrechen, Bauchkrämpfe, Muskelschwäche, Schwindel, Durchfall, Kältegefühl, Muskelkrämpfe, Kollaps, Herzrhythmusstörungen und in schweren Fällen Tod durch Herzstillstand.

# Goldregen

*Laburnum anagyroides* · Fam. Schmetterlingsblütler (Fabaceae)

Der Goldregen ist ein tödlich giftiges Gehölz. Er ist nicht in erster Linie gefährlich, weil er mit anderen Pflanzen verwechselt wird. Vor allem Kinder könnten versucht sein, die Blüten oder Früchte zu naschen. Die Wurzel soll ähnlich süßlich schmecken wie die von Süßholz.

**5–7 m**

**Baum oder Strauch**

## DA WÄCHST ER

Dieser bis 7 m hohe Baum oder Strauch begegnet Wildkräutersammelnden meist als Zierstrauch. Er stammt aus Süd- und Südosteuropa und verwildert gelegentlich an Waldrändern und Böschungen bis in 2000 m Höhe.

*Hülsenfrüchte*

## VERWENDUNG & GESCHICHTEN

Das harte und beständige Holz ist für Musikinstrumente und zum Drechseln beliebt. Da der Goldregen jedoch nur ca. 30 Jahre alt wird, erreicht der Stamm keinen großen Durchmesser.
In der Homöopathie wird Goldregen vor allem bei Seekrankheit, nervöser Schlaflosigkeit mit Depressionen und Migräne verabreicht.

## GIFTIGKEIT

- **Tödlich giftige** Alkaloide (vor allem Cytisin und Laburnin) in allen Pflanzenteilen, besonders in den Samen, von denen 15–20 tödlich wirken können – entsprechend ca. 10 Blüten.
- Bei Kleinkindern kann schon der Verzehr von 3–4 Früchten (mit jeweils mehreren Samen in jeder Fruchthülse) tödlich sein. Bereits das Kauen auf den Zweigen oder Wurzelstücken kann Vergiftungserscheinungen hervorrufen.
- Bei Verzehr: Ähnlich wie bei Vergiftungen mit Nikotin kommt es zunächst zu einer gesteigerten Erregung, Brennen im Mund und Übelkeit, die bei fortschreitender Vergiftung von Erbrechen, Magenschmerzen und Schweißausbrüchen begleitet wird. Durch das Erbrechen sind nur wenige der Vergiftungen tödlich. Wird nicht erbrochen, folgen heftige Krämpfe, die schließlich durch Atemlähmung zum Tod führen.

## ENTSCHEIDENDE MERKMALE

### Achtung!

Die Früchte sind Hülsen wie bei vielen anderen Arten wie Erbsen und Bohnen dieser Familie, die essbar sind. Sie dürfen auf keinen Fall für essbare Früchte gehalten werden!

## ÄHNLICHE WILDPFLANZEN

Blühend ist dieses Gehölz leicht kenntlich. Verwechslungsgefahr besteht vor allem mit den Früchten von Robinien.
Ähnlich ist im blütenlosen Zustand auch der Blauregen und es gibt weitere Schmetterlingsblütler mit gelben Blüten. Diese finden jedoch keine Verwendung in der Wildkräuterküche, sodass die Verwechslungsgefahr gering ist.

### Robinie

*Robinia pseudoacacia*

Dieser stattliche Baum mit den dornigen Zweigen ist durch die weißen Blüten und gefiederten Blätter leicht zu unterscheiden. Von ihm sind alle Teile außer den Blüten ebenfalls giftig.

*Die Blüten der Robinie sind ungiftig und schmackhaft.*

### Blauregen-Arten

Gatttung *Wisteria*

Die verschiedenen *Wisteria*-Arten heißen auch Glyzinien. Sie werden bei uns als Ziergehölz gepflanzt und sind ebenfalls giftig. Neben der unterschiedlichen Blütenfarbe (blau) können sie durch ihre windende Sprossachse und die gefiederten Blätter unterschieden werden. Sie bilden wie der Goldregen Hülsenfrüchte mit mehreren Samen aus.

*Blauregen ist ebenfalls in allen Teilen giftig.*

### Weitere Schmetterlingsblütler

*Coronilla emerus, Colutea arborescens, Cytisus scoparius*

Es gibt weitere Schmetterlingsblütler wie beispielsweise Blasenstrauch (*Colutea arborescens*), Strauchkronwicke (*Hippocrepis emerus*), Besenginster (*Cytisus scoparius*) oder Erbsenstrauch (*Caragana arborescens*), die ähnliche Blüten- oder Blattformen haben. In der Wildkräuterküche spielen sie keine Rolle, sodass eine Verwechslung kaum vorkommt.

*Die Strauchkronwicke ist ein bis 2 m hoher Strauch.*

# Greiskraut, Jakobs-

*Senecio jacobaea* · Fam. Korbblütler (Asteraceae)

Greiskräuter sind vor allem in der Landwirtschaft gefürchtet, da die Wirkstoffe beim Vieh tödliche Leberschädigungen verursachen können. Doch auch Wildkräutersammelnde sollten diese Pflanze mit ihren verzweigten Blütenständen kennen und meiden.

**30–100 cm**

**zweijährig bis ausdauernd**

## DA WÄCHST ES

Wildkräutersammelnde können diese zweijährige bis ausdauernde Pflanze auch dort finden, wo Johanniskraut gesammelt wird: Die bis 1 m große Pflanze gedeiht auf Wiesen, an Säumen und Wegrändern ohne besondere Bodenansprüche.

*Raupen des Greiskraut-Spinners*

## VERWENDUNG & GESCHICHTEN

Der Artname Jakobs-Greiskraut (oder auch -Kreuzkraut) nimmt Bezug auf die Zeit um Jacobi (25. Juli), wenn die Pflanze voll blüht. Die Giftstoffe sind ein Schutz vor Fraßfeinden. Solange genug andere Nahrung zur Verfügung steht, verschmäht das Vieh in der Regel die durch diese Inhaltsstoffe bitter schmeckenden Greiskräuter. Für die meisten Insekten sind sie ebenfalls giftig, allerdings haben einige ihr Leben eng an das dieser Pflanzen angepasst. Der Jakobskrautbär (*Tyria jacobaeae*) und der Braune Bär (*Arctia caja*) verzehren die Pflanzen unbeschadet und speichern die Giftstoffe. Dadurch sind sie sehr bitter und schrecken ihre Fressfeinde ab.

## GIFTIGKEIT

- → **Giftige** Pyrrolizidinalkaloide (Jacobin und Senecionin) in allen Pflanzenteilen. Die Giftwirkung bleibt in Heu und Silage erhalten.
- → Die tödliche Menge liegt bei Pferden bei 40–80 g und bei Rindern bei 140 g Frischpflanzen pro kg Körpergewicht.
- → Bei Berührung: Bei empfindlichen Menschen kann der Hautkontakt mit der Pflanze zu Allergien führen.
- → Bei Verzehr: Die Aufnahme regelmäßiger kleiner Mengen kann die Leber dauerhaft schädigen. Vergiftungen können beim Menschen auch über Honig oder Milch auftreten, sind jedoch selten. Die Giftstoffe können am bitteren Geschmack erkannt werden.

## ENTSCHEIDENDE MERKMALE

Viele Blütenköpfe stehen in einem traubigen bis rispigen Blütenstand zusammen.

Die Blätter sind wechselständig angeordnet und gefiedert.

Zur Reifezeit bilden sich viele winzige Früchte, die mit einem „Fallschirm“ (Pappus) vom Wind verbreitet werden.

Jeder Blütenkopf setzt sich aus vielen Einzelblüten zusammen. In der Mitte befinden sich Röhrenblüten, darum herum Zungenblüten.

### Achtung!

Studien mit Honig verschiedenen Ursprungs haben ergeben, dass deutscher Honig in der Regel unbedenklich ist, während der Genuss von Honig aus Übersee kritischer sein kann.

## ÄHNLICHE WILDPFLANZEN

Verwechslungsgefahr besteht vor allem mit Johanniskräutern oder Goldruten. An den wechselständigen, gefiederten Blättern ist das Kreuzkraut leicht von zu diesen Arten zu unterscheiden.
Ähnlich sind auch andere Greiskraut-Arten, die allesamt ebenfalls giftig sind. Die meisten von ihnen haben gefierte Blätter. Daran lassen sie sich von anderen Korbblütlern mit gelben Blütenköpfen und verzweigten Blütenständen unterscheiden, wie beispielsweise Pippau, Habichtskräuter und Gänsedisteln.

### Echtes Johanniskraut

*Hypericum perforatum*

Das Echte Johanniskraut hat wie alle Vertreter dieser Gattung einfache, gegenständig angeordnete Blätter. Bei dieser Art sind die Ölbehälter in den Blättern sogar mit bloßem Auge zu erkennen, vor allem, wenn ein Blatt vors Licht gehalten wird. Beim Zerdrücken der Knospen und Blüten färben sich die Finger durch den Wirkstoff Hypericin rot.

*Das Echte Johanniskraut hat fünfzählige Blüten.*

### Echte Goldrute

*Solidago virgaurea*

Die Echte Goldrute hat die größten Blütenköpfe dieser Gattung und ist dem Jakobs-Greiskraut auf den ersten Blick daher recht ähnlich. Es hat jedoch – wie alle Arten dieser Gattung – einfache Blätter. Allerdings gibt es auch Greiskraut-Arten mit einfachen Blättern wie beispielsweise das Hain- und das Fuchssche Greiskraut. Ein Unterscheidungsmerkmal ist der Blütenstand. Bei der Echten Goldrute stehen die Blütenköpfe in einem meist langgezogenen Blütenstand beieinander, während es bei den Greiskräutern Scheindolden sind, d.h. viele Blütenköpfe enden in einer Ebene.

*Die Echte Goldrute hat einfache Blätter.*

### Weitere Goldruten

*Solidago gigantea* und *S. canadensis*

Diese beiden Arten haben viel kleinere Blütenköpfe als die Echte Goldrute. Sie unterscheiden sich durch den bei der Kanadischen Goldrute behaarten Stängel, bei der Riesen-Goldrute ist er kahl. Sie haben beide einfache, wechselständig angeordnete Blätter.

*Die Kanadische Goldrute hat kleine Blütenköpfe, die in langen Rispenzweigen stehen.*

# Hahnenfuß, Scharfer

*Ranunculus acris* · Fam. Hahnenfußgewächse (Ranunculaceae)

In der Gattung Hahnenfuß gibt es in Mitteleuropa etwa 50 Arten, einige von ihnen werden volkstümlich „Butterblume“ genannt. Nahezu alle von ihnen sind frisch giftig. Da sie überall häufig anzutreffen sind, sollten sie Wildkräutersammelnden sowohl von ihrer Blüte als auch ihrer Blattform her bekannt sein!

**15–50 cm**

**ausdauernd**

## DA WÄCHST ER

Der Scharfe Hahnenfuß ist nur einer der vielen Hahnenfuß-Verwandten, die Wildkräutersammelnden auf Schritt und Tritt entlang der Wegränder und auf Wiesen begegen werden. Es gibt einige Arten, die eher im Gebirge verbreitet sind und andere die das Tiefland bevorzugen. Es gibt sogar einige Wasserpflanzen unter ihnen und sehr spezielle Arten wie den Gletscher-Hahnenfuß (*Ranunculus glacialis*). Er gehört zu den am höchsten aufsteigenden Blütenpflanzen in den Alpen.

*Handförmige Blätter*

## VERWENDUNG & GESCHICHTEN

In der Volksmedizin werden die einzelnen Arten nicht unterschieden, und früher wurden sie als Abführmittel verwendet. Es wird jedoch ausdrücklich davor gewarnt, das Kraut innerlich anzuwenden!
Das aus dem frischen Kraut des Knolligen Hahnenfußes (*Ranunculus bulbosus*) gewonnene Homöopathikum wird vor allem gegen Reizerscheinungen im Kopfbereich (Augen, Nase, Rachen) sowie gegen Atembeschwerden und Hautausschläge verabreicht.

## GIFTIGKEIT

- **Giftige** Scharfstoffe (Protoanemonine) und Saponine in allen Pflanzenteilen.
- Die Giftstoffe verlieren sich beim Trocknen und sind im Heu nicht mehr vorhanden.
- Bei Berührung: Bei empfindlichen Personen verursacht die Berührung mit dem Schleim abgeschnittener Stängel Hautreizungen (Wiesendermatitis), sie heilen ohne Narbenbildung wieder ab.
- Bei Verzehr: Das frische Kraut verursacht Schleimhautentzündungen, Durchfall, Koliken, Nierenentzündung und kann bei hoher Dosis auch auf das zentrale Nervensystem lähmend wirken.

## ENTSCHEIDENDE MERKMALE

### Achtung!

Am Grunde jeden Blütenblattes befindet sich bei einem Hahnenfuß stets eine Nektardrüse – sie verleiht dem Blütenblatt den Glanz. Rosengewächse haben diese nicht und auch nicht den Glanz!

## ÄHNLICHE WILDPFLANZEN

Durch den starken Glanzüberzug der gelben Blüten lassen sich alle Hahnenfuß-Arten leicht von Rosengewächsen mit gelben Blüten unterscheiden, da es diesen bei ihnen nicht gibt. Die Blattformen sind sehr variabel, sodass sie ohne Blüten schwerer zu unterscheiden sind. Verwechslungsgefahr besteht vor allem mit den Blättern anderer essbarer Wildkräuter, vor allem mit Rosen- und Storchschnabelgewächsen. Ähnlich ist auch die ebenfalls giftige Trollblume (S. 139).

*Der Stein-Storchschnabel hat ebenfalls handförmig geteilte Blätter.*

### Storchschnabel-Arten

Gattung *Geranium*

In Mitteleuropa gibt es knapp 20 Arten in der Gattung Storchschnabel. Die meisten von ihnen haben handförmig geteilte Blätter und sind damit einigen Hahnenfuß-Arten recht ähnlich. Sie besitzen stets Nebenblätter und ihre Stängel und Blätter sind in der Regel behaart. Ihre Blütenfarbe ist meist rosa bis violett und die Früchte „storchschnabelartig" verlängert, daher ihr Name!

*Gold-Fingerkraut mit gelben Blüten und handförmigen Blättern.*

### Fingerkraut-Arten

Gattung *Potentilla*

Die Gattung Fingerkraut ist mit ca. 30 in Mitteleuropa heimischen Arten ebenfalls eine umfangreiche Gattung. Die meisten von ihnen haben gelbe Blüten, ihnen fehlt jedoch der Glanzüberzug. Einige werden medizinisch und kulinarisch verwendet. Ihre Blätter sind überwiegend handförmig geteilt wie die der Hahnenfußgewächse, sie haben jedoch stets die für Rosengewächse typischen Nebenblätter. Es gibt auch gefiederte Arten unter ihnen wie das Gänse-Fingerkraut (*Potentilla anserina*).

*Die Blätter des Kriechenden Hahnenfußes sind sehr variabel.*

### Weitere Hahnenfuß-Arten

Gattung *Ranunculus*

Die Blätter des Scharfen Hahnenfußes sind handförmig geteilt, die des ebenso häufigen Kriechenden Hahnenfußes (*Ranunculus repens*) haben eine verlängerte Endfieder. Auch die Formenvielfalt der Hahnenfuß-Blätter ist beeindruckend. Darüber hinaus gibt es Arten in dieser Gattung mit einfachen Blättern. Alle sind giftig! Generell empfiehlt es sich, nur sicher bestimmte Wildpflanzen für kulinarische Zwecke zu verwenden!

# Herbstzeitlose

*Colchicum autumnale* · Fam. Zeitlosengewächse (Colchicaceae)

Sie ist eine der gefürchtetsten Giftpflanzen. Da sie mit einem der beliebtesten Wildkräuter, dem Bärlauch, verwechselt wird, ist es sehr wichtig, ihre Unterscheidungsmerkmale sicher zu kennen! Der Standort allein reicht nicht für die Unterscheidung – und auch den knoblauchartigen Geruch der Blätter vom Bärlauch hat man beim Sammeln bald überall an den Fingern, sodass auch dieser nicht als Merkmal ausreicht.

**5–40 cm**

**ausdauernd**

## DA WÄCHST SIE

Wildkräutersammelnde können dieses Zwiebelgewächs auch dort finden, wo Bärlauch gesammelt wird: Die 5–40 cm große Pflanze gedeiht auf feuchten, nährstoffreichen Wiesen und in lichten Wäldern. Sie blüht im Herbst und im Frühjahr sind nur die Blattrosetten mit den Samenständen zu sehen.

*Es kommen oft kahnförmige Blätter vor.*

## VERWENDUNG & GESCHICHTEN

In der richtigen Dosierung lindern die Wirkstoffe der Herbstzeitlosen vor allem akute Gichtanfälle. Von Selbstbehandlungen ist auf jeden Fall abzuraten! In der Homöopathie wird sie vor allem bei Rheuma, Gicht, Magen-Darm-Katarrhen, Neuralgien und Herz- und Kreislaufstörungen eingesetzt.
Das Colchizin hemmt die Teilung des Zellkerns und wird in der Pflanzenzucht eingesetzt, um größere Zuchtpflanzen zu erzeugen.

## GIFTIGKEIT

- **Tödlich giftige** Alkaloide (vor allem Colchizin) in allen Pflanzenteilen, wobei die tödliche Dosis bei 20 mg Colchicin liegt.
- Die meisten Giftstoffe enthalten die Blüten; die Samen und Blätter sind jedoch auch giftig. Bereits 5–10 Samen können für Kinder tödlich sein und 30–85 g der Blätter für Erwachsene!
- Bei Verzehr: pelziges Gefühl in Mund und Rachen, Schluckbeschwerden, Übelkeit, Erbrechen, großer Durst und kolikartige, oft blutige Durchfälle und Multiorganversagen.
- Es ist auf jeden Fall ein Krankenhaus aufzusuchen!

## ENTSCHEIDENDE MERKMALE

### Achtung!

Manchmal wachsen Bärlauch (Blätter im Hintergrund) und Herbstzeitlose (aufrechte Blätter vorne) – so wie hier zu sehen – miteinander am gleichen Standort!

## ÄHNLICHE WILDPFLANZEN

Verwechslungsgefahr besteht vor allem mit Bärlauch, dessen gestielte Blätter einer Zwiebel entspringen. Bärlauch wächst vielerorts in dichten Teppichen, was dazu verleitet, großzügig zu ernten. Doch auch wenn die Bestände oft üppig wirken, ist Zurückhaltung geboten: Bitte immer nur einzelne Blätter pro Pflanze pflücken – so bleibt die Pflanze vital und kann sich weiter vermehren und es besteht keine Gefahr dazwischen wachsende Giftpflanzen mit zu ernten.
Ähnliche Blätter haben die ebenfalls giftigen Maiglöckchen und der Aronstab. Die Blüten ähneln denen von Krokussen und Safran.

*Die stark duftenden Blätter des Bärlauchs sind lang gestielt.*

### Bärlauch

*Allium ursinum*

Die Blätter entspringen einzeln einer unterirdischen Zwiebel.
Sie duften stark knoblauchartig und entrollen sich beidseitig. Die weißen Blüten stehen in einem doldigen Blütenstand und bilden Kapselfrüchte. Sowohl die Blüten wie auch die Früchte sind würzig und lecker und können vielfältig für die Wildkräuterküche verwendet werden.

*Das Maiglöckchen bildet glockenförmige Blüten.*

### Maiglöckchen

*Convallaria majalis* (S. 93)

Sie haben weiße, glockenförmige Blüten. Dem unterirdischen Rhizom entspringen meist zwei jung ineinander gerollte Blätter. Zur Reifezeit bilden sich rote Beerenfrüchte, die ebenfalls stark giftig sind.

### Aronstab

*Arum maculatum* (S. 27)

Die Blätter sind meist pfeilförmig und gefleckt. Aus dem tütenartigen Blütenstand (Kesselfalle) bilden sich rote Beerenfrüchte.

*Meist sind die Blätter des Aronstabs pfeilförmig und gefleckt.*

### Safran

*Crocus sativus*

Safran blüht ebenso wie die Herbstzeitlose im Herbst. Die getrockneten Narbenäste (Teile der weiblichen Blütenorgane) werden seit dem Altertum zum Färben und als Gewürz geschätzt. Allerdings ist ein übermäßiger Verzehr ebenfalls giftig. Ab ca. 20 g Safran kann der Genuss tödlich enden!

# Hundspetersilie

*Aethusa cynapium* · Fam. Doldengewächse (Apiaceae)

Um in der Küche nicht aus Versehen statt der glatten Petersilie dieses tödlich giftige Doldengewächs zuzubereiten, wurde die Petersilie kraus gezüchtet. Im Frühjahr sind die ersten Blattrosetten nicht sicher von essbaren Doldengewächsen zu unterscheiden!

**10–100 cm**

**ein- bis zweijährig**

## DA WÄCHST SIE

Ob im Gemüsegarten oder auf dem Acker, diese ein- bis zweijährige Pflanze gedeiht auch dort, wo Petersilie, Wiesen-Kerbel oder andere schmackhafte Wildkräuter wachsen können: auf frisch umgebrochenem Erdboden, bevorzugt auf kalkhaltigen und nährstoffreichen Standorten. Aktuell werden je nach Autor zwei Arten oder Unterarten unterschieden, die vor allem durch ihren Standort und die Größe zu trennen sind: Die Wald-Hundspetersilie (*Aethusa cynapioides*) mit bis zu 2 m Höhe und auf Äckern die Hundspetersilie (*Aethusa cynapium*) mit bis zu 1 m Höhe.

*Früchte und Hüllchen*

## VERWENDUNG & GESCHICHTEN

Früher wurde die Hundspetersilie auch als Arzneipflanze verwendet, doch gehört dies der Vergangenheit an. Tödliche Vergiftungen sind nur aus der alten Literatur bekannt. Es ist jedoch auch nicht zweifelsfrei, ob diese Vergiftungen nicht auch auf den Gefleckten Schierling (S. 119) zurückzuführen sind.

## GIFTIGKEIT

→ **Tödlich giftige** Wirkstoffe (Polyin-Gemisch mit Aethusin) in allen Pflanzenteilen.
→ Die Giftwirkung ist für jede Organismengruppe unterschiedlich. Bei einem ausgewachsenen Rind sind etwa 15 kg der Pflanze tödlich. Mäuse und Meerschweinchen scheinen nicht empfindlich auf die Giftstoffe zu reagieren.
→ Bei Verzehr: Beim Menschen sind erste Anzeichen einer Vergiftung erhöhter Pulsschlag und ein brennendes Gefühl im Mund, gefolgt von Erregung, abgelöst von Depressionen, Krämpfen, Sehstörungen, Bewegungsstörungen, Lähmungen und schließlich dem Tod.

## ENTSCHEIDENDE MERKMALE

Die Hüllchenblätter sind zu einer Seite ausgerichtet.

Die weißen Blüten stehen in Doppeldolden zusammen.

Die wechselständig angeordneten Blätter sind zwei- bis dreifach gefiedert, glänzen unterseits stark und haben oft einen unangenehmen Geruch, der jedoch auch fehlen kann.

Die Früchte sind rundlich und glatt gerippt.

Der Stängel ist bis zur Basis kahl und abwischbar bereift.

### Achtung!

Im Gegensatz zur Wilden Möhre fehlen die Hüllblätter. Die einseitig ausgerichteten Hüllchenblätter können allerdings auf den ersten Blick für gefiederte Hüllblätter gehalten werden.

## ÄHNLICHE WILDPFLANZEN

Verwechslungsgefahr besteht vor allem mit glatter Petersilie und wild wachsenden, essbaren Doldengewächsen mit fein gefiederten Blättern. Diese Arten wie Wilde Möhre, Wiesen-Kerbel usw. sind nur etwas für Wildkräutersammelnde, die diese sicher bestimmen können!
Ähnlich ist auch der Gefleckte Schierling (S. 119) und Arten der Gattung Kälberkropf (*Chaerophyllum*). Kälberkropf-Arten sind zumindest im unteren Stängelabschnitt borstig behaart und haben längliche Früchte.

*Der Wiesen-Kerbel hat ein behaartes Hüllchen.*

### Wiesen-Kerbel

*Anthriscus sylvestris*

Wiesen-Kerbel hat sehr ähnliche Blätter, vor allem zur Zeit des Blattaustriebs! An seinem gerillten, meist behaarten Stängel, den behaarten Hüllchenblättern und den länglichen Früchten ist er gut zu unterscheiden.

### Glatte Petersilie

*Petroselinum sativum*

An den gelben Blüten ist Petersilie leicht zu unterscheiden, doch wird sie für kulinarische Zwecke geerntet, bevor sie zu blühen beginnt. Da der unangenehme Geruch der Hundspetersilie nicht immer deutlich wird, ist die Gefahr hier besonders groß – nicht umsonst wurde die Petersilie kraus gezüchtet. Hier ist äußerste Vorsicht geboten!

*Die Wilde Möhre hat gefiederte Hüllblätter.*

### Wilde Möhre

*Daucus carota*

Vor allem zur Zeit des Blattaustriebs sind die Blätter sehr ähnlich! Später ist die Wilde Möhre an ihren gefiederten Hüllblättern und der oft vorhandenen dunklen „Möhrenblüte" in der Mitte der Dolde zu unterscheiden. Sie hat zudem einen chrakteristischen Duft, der beim Zerreiben der Blätter besonders deutlich wird.

*Der Gefleckte Schierling hat ebenfalls rundliche Früchte.*

### Gefleckter Schierling

*Conium maculatum* (S. 119)

Er unterscheidet sich durch seine Größe, die kürzeren Hüllchenblätter, die vorhandene, rückwärts gerichtete Hülle und den meist rot gefleckten Stängel. Außerdem sind die Rippen auf den rundlichen Früchten unregelmäßig gekerbt und nicht glatt.

# Kälberkropf, Taumel-

*Chaerophyllum temulum* · Fam. Doldengewächse (Apiaceae)

Dieses giftige Doldengewächs ist weit verbreitet und von anderen Arten mit fein gefiederten Blättern nur schwer zu unterscheiden. Derer gibt es viele und einige davon sind essbar und andere giftig. Möchte man sie kennenlernen, sind Detailmerkmale wie die Behaarung der Blätter und des Stängels, das Vorhandensein von Hülle und Hüllchen, die Verdickung unter den Verzweigungen (Knoten) sowie die Form der Früchte von Bedeutung.

**30–100 cm**

**ein- bis zweijährig**

## DA WÄCHST ER

Diese ein- bis zweijährige Pflanze begegnet Wildkräutersammelnden vor allem an schattigen Waldwegen, Säumen und Wiesenrändern. Sie wird auch Hecken-Kälberkropf genannt, denn sie ist häufig an Hecken zu finden. Der Taumel-Kälberkropf gilt als Stickstoff-Zeiger und bevorzugt nährstoffreiche Böden.

*Auffällig verdickte Knoten*

## VERWENDUNG & GESCHICHTEN

Es gibt in der Gattung Kälberkropf in Mitteleuropa 6 Arten und diese ist die giftigste von ihnen. Die anderen Vertreter gelten als ungiftig. Es sind allerdings auch kaum Überlieferungen über deren Verwendung vorhanden – vermutlich waren sie für unsere Vorfahren ebenso schwierig zu unterscheiden wie für uns und wurden daher vorsichtshalber gänzlich gemieden.
Der lateinische Artname (*temulus* = berauschend, betäubend) beschreibt die Giftwirkung, die sich unter anderem durch Taumeln äußert, was vor allem an Tieren beobachtet wurde.

## GIFTIGKEIT

- **Giftig** durch den Wirkstoff Falcarinol, der in allen Pflanzenteilen vorkommt.
- Vergiftungen wurden vor allem bei Tieren beobachtet, obwohl der Taumel-Kälberkropf auch für Menschen giftig ist. Früher hat man die Giftwirkung für sehr viel stärker gehalten. Dies hat vermutlich auch damit zu tun, dass er mit dem Gefleckten Schierling (S. 119) verwechselt wurde.
- Bei Verzehr: Taumeln, Durchfall, Pupillenerweiterung und Lähmung.

## ENTSCHEIDENDE MERKMALE

Die weißen Blüten stehen in Doppeldolden zusammen, es gibt zahlreiche behaarte Hüllchenblätter und meist keine Hülle.

Der behaarte Stängel ist unter den Knoten verdickt und oft rot überlaufen.

Die Früchte sind bei allen Vertretern dieser Gattung länglich.

Die wechselständig angeordneten, zwei- bis dreifach gefiederten Blätter sind behaart.

### Achtung!

Weiße Doldengewächse gibt es viele – vom Blütenstand her sind sie leicht als solche zu erkennen, doch ihre Artbestimmung erfordert feine Detailmerkmale.

## ÄHNLICHE WILDPFLANZEN

Verwechslungsgefahr besteht vor allem mit anderen Doldengewächsen mit fein gefiederten Blättern. Die rote Farbe von Blättern und Stängel wird durch Anthocyane hervorgerufen. Sie ist eher als Sonnenschutz zu verstehen und kein konstantes Merkmal. So gibt es Kälberkropf, Schierling und Hundspetersilie ohne diese, ebenso wie Wiesen-Kerbel und andere Doldengewächse mit roten Flecken oder gänzlich roten Stängeln.
Ähnlich sind auch weitere Kälberkropf-Arten und gefürchtete Giftpflanzen dieser Familie wie Hundspetersilie (S. 79) und Gefleckter Schierling (S. 119).

*In der Sonne gewachsener Wiesen-Kerbel mit roten Stängeln.*

### Wiesen-Kerbel

*Anthriscus sylvestris*

Wiesen-Kerbel sieht den Arten dieser Gattung sehr ähnlich, da er ebenfalls längliche Früchte besitzt. An seinem gefurchten Stängel ist er von Kälberkropf-Arten zu unterscheiden.

*Der Rüben-Kälberkropf ist die größte Art dieser Gattung.*

### Rüben-Kälberkropf

*Chaerophyllum bulbosum*

Diese Art ist die größte der Kälberkropf-Gattung. Sie kann ebenso stattlich werden wie der Gefleckte Schierling und wird am häufigsten mit ihm verwechselt. Um den Rüben-Kälberkropf vom Gefleckten Schierling zu unterscheiden, hilft ein Blick auf die Stängelbasis direkt über dem Erdboden: Auch wenn der Stängel oben kahl und bereift ist, sind bei allen Kälberkropf-Arten zumindest an der Basis stets Borstenhaare vorhanden! Zudem sind die Früchte länglich.

### Behaarter Kälberkropf

*Chaerophyllum hirsutum*

Diese Art ist an den behaarten Kronblättern zu erkennen, außerhalb der Blüte- und Fruchtreife sind Doldengewächse schwer bestimmbar.

*Der Behaarte Kälberkropf hat fein behaarte Blütenblätter.*

### Gefleckter Schierling

*Conium maculatum* (S. 119)

Die beiden Arten sind an Größe, Stängel und Früchten zu unterscheiden. Der Taumel-Kälberkropf wird bis 1 m groß, während der Schierling über 2 m erreichen kann. Der Stängel des Schierlings ist kahl und der des Kälberkropfes borstig behaart. Die Früchte aller Kälberkropf-Arten sind länglich und die des Schierlings rundlich.

# Liguster

*Ligustrum vulgare* · Fam. Ölbaumgewächse (Oleaceae)

Dieses Heckengehölz war nicht nur so beliebt, weil es über Jahrzehnte einen Rückschnitt verträgt, sondern auch, weil es vielseitig verwendet wurde (s.u.). Allerdings ist es auch eine Giftpflanze, die in allen Teilen giftig ist. Die Blüten bieten Nahrung für Schmetterlinge, Bienen und andere Insekten. Vögel und Nagetiere fressen die Beeren, die unverdaut ausgeschieden werden und so zur Verbreitung des Strauchs beitragen.

**2–4 m**

**Strauch**

## DA WÄCHST ER

Dieser bis 4 m hohe Strauch mit den gegenständigen, teils immergrünen Blättern gedeiht in lichten Kiefern- und Laubmischwäldern sowie Gebüschen.

*Beerenfrüchte*

## VERWENDUNG & GESCHICHTEN

Aus den duftenden Blüten wurde und wird Eau de Toilette hergestellt. Ein Ölauszug lindert Sonnenbrand und ist angenehm bei trockener Haut. Die Zweige wurden zu Korbarbeiten verflochten und das glatte, harte und feste Holz ist für Drechsel- und Schnitzarbeiten geeignet. Die Beeren wurden wegen ihrer violett-schwarzblauen Farbstoffe zum Färben von Wolle, zum Anrühren von Farbpigmenten und zum Bemalen von Spielkarten und in der Buchmalerei verwendet.

## GIFTIGKEIT

- **Giftige** Glykoside (vor allem Syringin) in allen Teilen und vor allem den Beeren.
- Bei Berührung: Der Kontakt mit der Haut beim Schneiden der Hecken kann zu Reizungen führen (Liguster-Ekzem).
- Bei Verzehr: Übelkeit, Erbrechen, Durchfall, Kopfschmerzen, Benommenheit und Kreislaufbeschwerden. Tödliche Vergiftungen sind nicht bekannt und der Verzehr von bis zu 10 Beeren soll beschwerdefrei vertragen werden.

# Lupine, Vielblättrige

*Lupinus polyphyllus* · Fam. Schmetterlingsblütler (Fabaceae)

Giftig und doch als Nahrung für Mensch und Tier zu kaufen? Was hat es mit dem Geheimnis der Lupinen auf sich? Ursprünglich sind alle Arten dieser Gattung durch bitter schmeckende Alkaloide giftig. Doch Lupinen gehören zu den ältesten Kulturpflanzen und seit 1930 werden gezielt Sorten gezüchtet, deren Samen einen hohen Eiweiß- und geringen Alkaloid-Gehalt besitzen. Zu ihnen gehört unter anderem die Weiße Lupine (*Lupinus albus*). Wild gesammelt werden kann hier also nichts und es ist Vorsicht mit diesen Arten geboten!

**bis 1 m**

**ausdauernd**

Hülsenfrucht mit Samen

## DA WÄCHST SIE

Seit dem 19. Jh. hat sich die Lupine bei uns vor allem in Waldsäumen eingebürgert. In einigen Regionen, wie beispielsweise der Rhön, gilt sie inzwischen als problematisch, da sie die ursprünglich nährstoffarmen, artenreichen Bestände verdrängt. Man findet Lupinen auch als Zierpflanze in vielen Farben und Sorten in Gärten.

## VERWENDUNG & GESCHICHTEN

Für den Namen *Lupinus* (lat. *lupus* = Wolf) der Gattung gibt es viele leider nicht gesicherte Erklärungen. Vielleicht verdankt diese Gattung ihren Namen den an Wolfsfell erinnernden, behaarten Hülsenfrüchten. Die Wurzeln gehen eine Symbiose mit Knöllchenbakterien ein, die den Stickstoff aus der Luft fixieren können. Die Vielblättrige Lupine stammt aus Nordamerika und wurde bei uns vor allem zur Böschungsbefestigung, als Gründünger und in Waldschlägen angebaut. Inzwischen schätzt man einige Arten auch als Nahrungs- und Faserpflanze. Sie können ebenso medizinisch und kosmetisch verwendet werden oder als Kaffeeersatz geröstet.

## GIFTIGKEIT

→ **Stark giftige** Alkaloide (Lupinan u. a.) in allen Pflanzenteilen, vor allem in den Samen.

→ Bei Verzehr: Schluckbeschwerden, Herzrhythmusstörungen und eine in den Beinen beginnende Lähmung, die bei entsprechender Menge zum Tod durch Atmungslähmung führt. Vergiftungen werden vor allem bei Tieren beobachtet.

## ENTSCHEIDENDE MERKMALE

Die Blüten stehen in Trauben in einem langgezogenen Blütenstand und blühen von unten nach oben auf.

Die zwittrigen Blüten sind zygomorph („Schmetterlingsblüten“).

Die handförmig geteilten Blätter setzen sich aus 9 bis 17 Fiederblättchen zusammen. Ihr Blattrand ist glatt und meist silbrig behaart.

Die Blätter sind wechselständig angeordnet.

### Achtung!

Die Fiederblättchen der handförmig geteilten Blätter sind ganzrandig, d.h. ihr Rand ist nicht gesägt oder gekerbt.

## ÄHNLICHE WILDPFLANZEN

Alle Lupinen sind giftig, die Vielblättrige ist die häufigste Art. Blühend sind sie alle leicht zu erkennen. Verwechslungsgefahr besteht vor allem im blütenlosen Zustand mit Wildpflanzen, die ebenfalls handförmig geteilte Blätter haben.

### Weiße Lupine

*Lupinus albus*

Diese Art ist bei uns zunehmend auf Äckern kultiviert anzutreffen. Sie wird zur Gründüngung und als Nahrungs- und Faserpflanze angebaut. Neben der Blütenfarbe kann man sie auch an der geringeren Anzahl der Fiederblättchen unterscheiden. Bei ihr sind es nur 5–9 während die Vielblättrige Lupine 9–17 Fiederblättchen ausbildet. Schmecken ihre Samen süß, dann sind sie überwiegend frei von Alkaloiden, da diese Giftstoffe bitter schmecken. Sie wird auch Süße Lupine genannt.

*Die Weiße Lupine wird als Futter- und Nahrungsmittel kultiviert.*

### Frauenmantel-Arten

Gattung *Alchemilla*

Alle etwa 20 Arten dieser Gattung haben handförmige Blätter. Sie sind unterschiedlich tief eingeschnitten und damit Lupinen mehr oder weniger ähnlich. An ihren gelbgrünen, feinen Blütenständen sind sie leicht zu unterscheiden, sodass hier im Zweifelsfall beim Austrieb erst einmal die Entwicklung beobachtet werden muss.

*Der Alpen-Frauenmantel hat handförmig geteilte Blätter.*

### Storchschnabel-Arten

Gattung *Geranium*

Die Mehrzahl der etwa 25 Arten in dieser Gattung besitzen handförmige Blätter. Meist sind sie ebenso wie der Stängel behaart, teils auch mit Drüsenhaaren. Auch hier gilt: Im Zweifelsfall auf die Ausbildung der Blüten warten, um die Pflanzen sicher zu bestimmen!

*Der Wald-Storchschnabel hat grob gezähnte Blätter.*

### Hahnenfuß-Arten

Gattung *Ranunculus* (S. 71)

In dieser Gattung gibt es ebenfalls einige Arten mit handförmigen Blättern. Sie sind alle giftig.

# Maiglöckchen

*Convallaria majalis* · Fam. Spargelgewächse (Asparagaceae)

Diese tödlich giftige Pflanze ist eine der anmutigsten und zugleich giftigsten Pflanzen. Sie ist eine traditionelle Heilpflanze und veranschaulicht sehr eindrücklich, dass die therapeutische Breite hier sehr gering ist, d.h. die Spanne zwischen der Dosis, bei der eine Heilwirkung eintritt, bis zu der schädlichen Menge ist unglaublich gering – vor Selbstmedikation ist in jedem Fall abzuraten!

**10–20 cm**

**ausdauernd und geschützt**

## DA WÄCHST ES

Kräutersammelnde können Maiglöckchen auch dort begegnen, wo Bärlauch wächst: In lichten Laub- und Mischwäldern. Auch wenn sie es eher trocken mögen, so können vor allem in Hanglagen beide Arten miteinander zu finden sein. Vorsicht ist auch in Gärten geboten! Maiglöckchen stehen unter Naturschutz!

*Fruchtstand*

## VERWENDUNG & GESCHICHTEN

Früher hat man einmal geglaubt, dass nahezu jede Krankheit mit ihm zu behandeln sei. Man hat den Rauch der Wurzeln und Blüten inhaliert, „um den Kopf frei zu machen", und die Blüten sind Bestandteil des „Schneeberger Schnupftabaks". Medizinisch kräftigen die Inhaltsstoffe in Präparaten die Herzfunktion. In der Homöopathie hat es einen ähnlichen Anwendungsbereich.
Das ätherische Öl ist schwer extrahierbar und viele Duftnoten basieren auf chemischen Ersatzstoffen. Früher hat man das Blütenwasser in der Kosmetik zum Aufhellen der Haut verwendet. In der Pflanzenfärberei liefern die Blätter einen gelben Farbton.

## GIFTIGKEIT

- → **Über 30 tödlich giftige** herzwirksame Glykoside (u. a. Convallatoxin) in allen Pflanzenteilen, besonders den Blüten und Früchten.
- → Die für Menschen giftigen Beeren werden von Vögeln unbeschadet gefressen und die Samen dadurch verbreitet.
- → Bei Berührung: Haut- und Augenreizungen sind möglich, jedoch ausgesprochen selten.
- → Bei Verzehr: Übelkeit und Herzrhythmusstörungen die tödlich enden können, ab 5 Beeren treten stärkere Vergiftungen auf.

## ENTSCHEIDENDE MERKMALE

### Achtung!

Besonders die jungen Triebe könnten mit denen von Bärlauch verwechselt werden. Sie können in einem Bestand auch gleichzeitig wachsen, vor allem in Hanglagen!

## ÄHNLICHE WILDPFLANZEN

Verwechslungsgefahr besteht vor allem mit Bärlauch. Wer nicht ganz sicher ist, sollte lieber auf das Sammeln verzichten – oder sich gut beraten lassen. Auch hier gilt: Nur einzelne Blätter nehmen, um die Bestände zu schonen. Vor allem im Garten wachsen oft verschiedene Arten auf engem Raum nebeneinander, sodass hier besondere Vorsicht geboten ist.
Ähnlich sind auch weitere Einkeimblättrige mit parallel verlaufenden Blattadern wie beispielsweise Tulpen.

Bärlauch sollte stets achtsam gesammelt werden.

### Bärlauch

*Allium ursinum*

Auch wenn dieser durch seinen durchdringenden Knoblauchduft gut gekennzeichnet ist, befindet er sich nach kurzer Zeit des Sammelns so in der Nase und an den Händen, dass dieses Merkmal vor der Blüte nicht mehr eindeutig ausreicht. Die Blätter entspringen einer Zwiebel und sind lang gestielt. Die Blattränder sind beidseitig eingerollt, während sie beim Maiglöckchen einseitig gerollt sind.

Die Schattenblume hat herzförmige Blätter.

### Zweiblättrige Schattenblume

*Maianthemum bifolium* (S. 115)

Die blühenden Triebe haben meist zwei Blätter, die blütenlosen Triebe bilden nur ein herzförmiges und spitz zulaufendes Blatt aus.

### Salomonssiegel

*Polygonatum odoratum*

Das Salomonssiegel gehört zur Gattung Weißwurz (*Polygonatum*). Es kann zur Zeit des Austriebs ebenso wie die Vielblütige Weißwurz (*Polygonatum multiflorum*) Maiglöcken oder Bärlauch ähnlich sehen. Später sind die beblätterten Stängel leicht zu unterscheiden (S. 117).

Hier wachsen Salomonssiegel und Bärlauch beieinander.

### Herbstzeitlose

*Colchicum autumnale* (S. 75)

Diese ebenfalls stark giftige Pflanze könnte ebenso mit Maiglöckchen verwechselt werden. Blühend sind sie leicht kenntlich.

# Nachtschatten, Bittersüßer

*Solanum dulcamara* · Fam. Nachtschattengewächse (Solanaceae)

Vergiftungen mit diesem hübschen Nachtschattengewächs kommen vor allem bei Kindern vor, die die Beeren naschen. Verwechslungen mit dem Kraut sind eher selten, doch sollte diese starke Giftpflanze Wildkräutersammelnden bekannt sein.

**bis 2 m**

**verholzender Halbstrauch**

## DA WÄCHST ER

Es ist ein Wurzelkriechpionier und Bodenfestiger, aber auch eine Kletterpflanze, die Kräutersammelnde vor allem an Ufern auf nährstoffreichen Böden finden. Er kann jedoch auf etwas feuchteren Böden auch im Siedlungsbereich und auf Äckern vorkommen, dort wo auch Franzosenkraut oder andere Wildkräuter gesammelt werden.

*Beerenfrüchte*

## VERWENDUNG & GESCHICHTEN

Der botanische Name weist auf die schmerzlindernde Wirkung hin, denn *solamen* bedeutet „Trost“. In der Volksmedizin kennt man eine Teezubereitung gegen verschiedene Haut- und Stoffwechselkrankheiten wie Asthma, Rheuma, Gicht und Wassersucht und aus der Rinde der zwei- bis dreijährigen Triebe wird eine Salbe gegen Hauterkrankungen wie Ekzeme und Neurodermitis zubereitet. Wegen der Giftigkeit wird ausdrücklich vor einer Selbstbehandlung abgeraten!
In der Homöopathie wird die Pflanze vor allem bei Hautausschlag, Durchfall, Erkältung und Blasenentzündung eingesetzt.

## GIFTIGKEIT

→ **Tödlich giftige** Alkaloide (Soladulcin, Solasonin), Bitterstoff-Glykoside, Saponine und Gerbstoffe in allen Pflanzenteilen. Die meisten Giftstoffe enthalten die unreifen Früchte. Beim Erwachsenen kann der Verzehr von 200 unreifen Beeren bereits tödlich sein und bei Kindern von 30–40 Beeren.

→ Bei Verzehr: Kratzen im Hals, Übelkeit, Durchfall und Erbrechen mit kolikartigen Schmerzen, bei größerer Menge verbunden mit Schwindel, Sehstörungen, Bewusstseinsstörungen, Kopfschmerzen und Kreislaufkollaps sowie Atemlähmung, die bei entsprechender Dosis zum Tod führen können.

## ENTSCHEIDENDE MERKMALE

Fünfzählige Blüten mit verwachsenen Staubbeuteln.

Erst grüne und später im reifen Zustand rote Beerenfrüchte.

Bis 2 m lange Kletterpflanze (krautig oder verholzend) mit wechselständig angeordneten Blättern.

Blattform variabel von einfach bis dreiteilig, die meisten mit typischen Blattlappen.

### Achtung!

Die Blätter sind oft charakteristisch dreiteilig – sie können jedoch auch einfach sein und die jungen Triebe aufrecht. Dann ist die Verwechslungsgefahr besonders groß!

## ÄHNLICHE WILDPFLANZEN

Die Verwechslungsgefahr ist vor allem bei jungen Trieben gegeben. Diese können Wildkräutern wie Franzosenkraut ähnlich sehen. Wenn die Triebe dann zu klettern beginnen, werden sie nicht mehr fälschlicherweise gesammelt, denn in der Wildküche nutzt man keine Kletterpflanzen.

### Franzosenkraut-Arten

*Galinsoga ciliata* und *G. parviflora*

Diese beiden Korbblütler unterscheiden sich im blütenlosen Zustand durch die gegenständigen Blätter und den grob gezähnten Blattrand. Zudem macht das Behaarte Franzosenkraut seinem Namen alle Ehre und ist in allen Teilen abstehend behaart, sodass vor allem das Kleinblütige Franzosenkraut verwechselt werden könnte.

*Das Kleinblütige Franzosenkraut hat gegenständig angeordnete Blätter.*

### Zaunwinde

*Calystegia sepium*

Die Zaunwinde kann an ähnlichen Standorten gedeihen wie der Bittersüße Nachtschatten. Sie ist ebenfalls giftig und kommt als Wildkraut zum Verzehr ebenso wenig in Frage wie die Acker-Winde (*Convolvulus arvensis*) mit kleineren, eher rosafarbenen Blüten.

*Die Zaunwinde hat pfeilförmige Blätter und weiße Blüten.*

### Windenknöterich

*Fallopia convolvulus*

Die Samen dieses einjährigen Ackerwildkrautes wurden im Altertum vermutlich ähnlich wie heute Getreide zum Backen verwendet. Sie haben keine Ähnlichkeit mit den Beeren des Bittersüßen Nachtschattens, sodass höchstens die Blätter verwechselt werden können. Allerdings sind diese mehr herz- bis pfeilförmig und auch der Standort auf Äckern unterscheidet beide Arten.

*Der Windenknöterich hat ähnliche Früchte wie Buchweizen.*

# Nachtschatten, Schwarzer

*Solanum nigrum* · Fam. Nachtschattengewächse (Solanaceae)

Zu kaum einem Wildkraut gibt es so unterschiedliche Angaben zum Speisewert und der Giftwirkung wie zu diesem. Das hat einerseits vermutlich mit kulturellen Unterschieden zu tun, zum anderen schwanken die Konzentrationen der Wirkstoffe je nach Standortbedingungen wie Klima und Boden und auch dem Reifegrad sehr stark. In einigen Teilen der Welt werden die reifen Beeren und die Blätter als Gemüse genutzt und in Deutschland gilt er als Giftpflanze.

**10–80 cm**

**einjährig**

## DA WÄCHST ER

Dieses einjähriges Ackerwildkraut finden Kräutersammelnde auf Ruderalflächen, an Wegrändern und in Gärten mit nährstoffreichen Böden, d.h. dort, wo auch essbare Wildpflanzen wie Guter Heinrich, Gänsefüße und Amaranth gedeihen können. Hier ist also äußerste Vorsicht geboten, wenn diese Arten noch nicht blühen, man sollte sie sicher vom Nachtschatten unterscheiden können!

*Reife und unreife Beeren*

## VERWENDUNG & GESCHICHTEN

Viele Kulturen kennen den Schwarzen Nachtschatten als Heilkraut. Verwendet wird das zur Blütezeit gesammelte Kraut innerlich gegen Magen- und Blasenbeschwerden oder Keuchhusten und äußerlich bei Ekzemen, Juckreiz, Hämorrhoiden, Prellungen und Abszessen.
Die Homöopathie kennt eine Anwendung gegen Erkrankungen des zentralen Nervensystems.
Das Kraut liefert grüne Farbstoffe, die in der Malerei mit Naturfarben beliebt sind.

## GIFTIGKEIT

- → **Tödlich giftige** Alkaloide (vor allem Solanin). Den höchsten Alkaloidgehalt enthalten die unreifen Beeren.
- → Die reife Frucht soll keine Giftstoffe mehr enthalten.
- → Bei Verzehr: Bereits 6–8 grüne Beeren können Übelkeit, Erbrechen, Koordinationsstörungen, erweiterte Pupillen und Gesichtsrötung bewirken. Bei starken Vergiftungen tritt der Tod durch Lähmung des zentralen Atemsystems ein.

## ENTSCHEIDENDE MERKMALE

Die schwarzen Beerenfrüchte enthalten zahlreiche Samen.

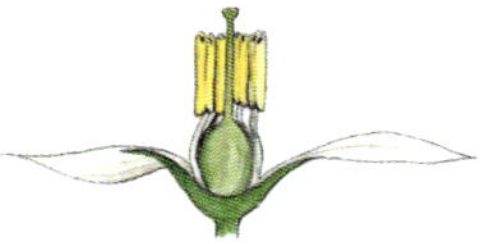

Die weißen Blüten haben gelbe, verwachsene Staubbeutel.

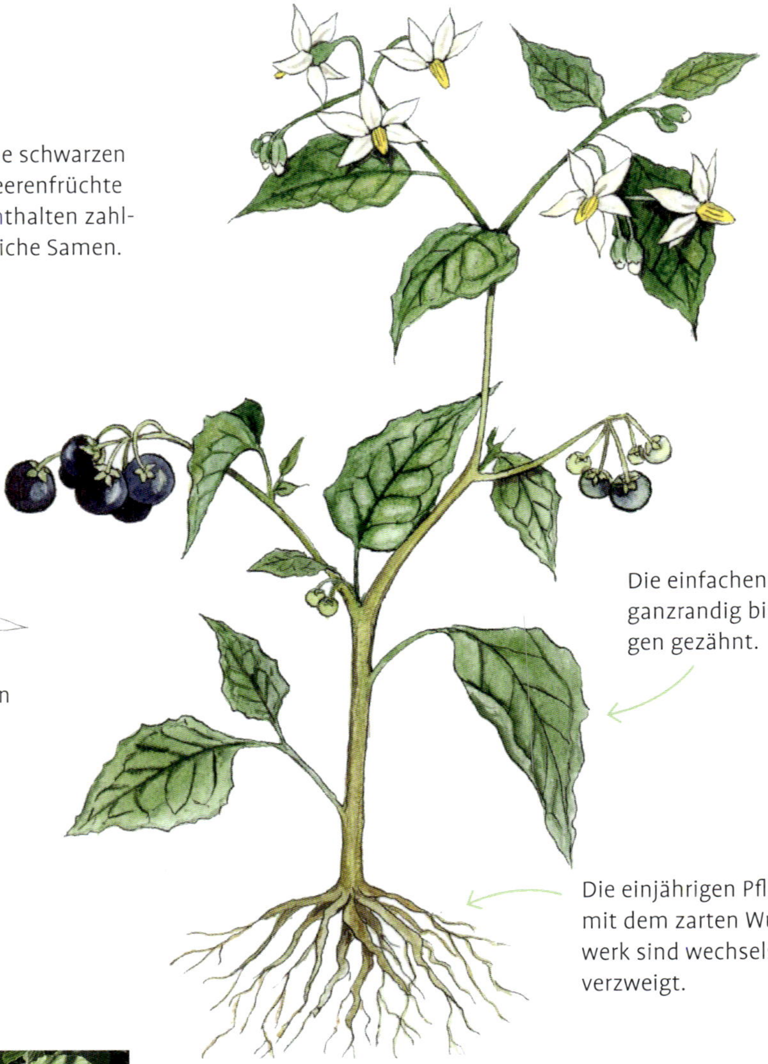

Die einfachen Blätter sind ganzrandig bis geschwungen gezähnt.

Die einjährigen Pflanzen mit dem zarten Wurzelwerk sind wechselständig verzweigt.

### Achtung!

Ohne ihre Blüten oder Früchte sind verschiedene Pflanzen sich oft recht ähnlich. Hier wachsen Amarant (*Amaranthus*, auch Fuchsschwanz genannt, oben) und Schwarzer Nachtschatten (unten) genau nebeneinander.

## ÄHNLICHE WILDPFLANZEN

Verwechslungsgefahr besteht vor allem mit Wildkräutern, von denen die Blätter oder ganzen Triebe kulinarisch verwendet werden, wie beispielsweise Franzosenkraut oder Guter Heinrich. Da die meist geschwungen gezähnten Blätter des Schwarzen Nachtschattens auch ganzrandig sein können, ist hier auf jeden Fall Vorsicht angeraten. Im Zweifelsfall auf die Verwendung verzichten, wenn keine Blüten oder Früchte zu finden sind, die die Pflanze eindeutig bestimmen lassen!

*Das Kleinblütige Franzosenkraut hat hübsche, essbare Blüten.*

### Franzosenkraut

*Galinsoga ciliata* und *G. parviflora*

In der Gattung *Galinsoga* gibt es zwei Arten, das Behaarte und das Kleinblütige Franzosenkraut. Letzteres ist dem Schwarzen Nachtschatten besonders ähnlich, da die Blätter und Stängel weniger stark behaart sind – allerdings sind sie bei beiden Franzosenkraut-Arten stets gegenständig angeordnet. An den Blütenständen lassen sich diese Korbblütler leicht vom Schwarzen Nachtschatten unterscheiden – diese sind auch eine leckere Deko.

*Der Gute Heinrich hat spieß- bis pfeilförmige Blätter.*

### Guter Heinrich

*Chenopodium bonus-henricus*

Der Gute Heinrich gehört zur Familie der Fuchsschwanzgewächse. Er ist mehrjährig. Seine Blätter sind meist größer und dreieckig bis spießförmig. Die essbaren, unscheinbaren Blüten stehen in endständigen, kompakten Rispen.

### Amaranth-Arten

*Gattung Amaranthus*

Kulinarisch werden die hirseartigen Samen wie Getreide und die Blätter und Früchte als Gemüse zubereitet, dies betrifft vor allem den Garten-Fuchsschwanz (*Amaranthus caudatus*). Es gibt jedoch zahlreiche weitere Arten die weltweit vor allem in den wärmeren Klimazonen der Erde verbreitet sind.

*Der Bastard-Amaranth hat kompakte Blütenstände.*

### Gänsefuß-Arten

*Gattung Chenopodium* (S. 131)

Auch in der Gattung der Gänsefüße gibt es schmackhafte Wildkräuter, die dem Nachtschatten ähnlich sehen können, meist sind sie an den jung mehlig bereiften Trieben gut zu unterscheiden.

# Pfaffenhütchen

*Euonymus europaeus* · Fam. Spindelbaumgewächse (Celastraceae)

Dieser sommergrüne Strauch wird wegen der hübschen Herbstfärbung und der auffälligen Früchte häufig als Zierstrauch gepflanzt. Auch die grünen Zweige mit den mehr oder weniger ausgeprägten Korkleisten sind ein gutes Erkennungsmerkmal.

**1,5–3 m**

**Strauch**

## DA WÄCHST ES

Dieser bis 3 m hohe Strauch begegnet Wildkäutersammelnden vor allem in Parks und Gärten. In der Natur gedeiht er in Au- und Mischwäldern, an Waldsäumen und in Gebüschen.

*Typische Korkleisten*

## VERWENDUNG & GESCHICHTEN

Das Pfaffenhütchen wird auch Spindelstrauch genannt, da das Holz für Handspindeln in der Wollverarbeitung verwendet wurde. Die geöffneten Fruchtkapseln erinnern an die Kopfbedeckung der Priester, daher der deutsche Name. Die aus dieser rötlichen Fruchthülle heraushängenden weißen Samen sind wiederum von einem orangefarbenen Samenmantel, dem Arillus, umschlossen. Sie werden von Vögeln (z. B. Rotkehlchen) verbreitet, die die fleischige Samenhülle abschälen und die eigentlichen Samen wieder ausspucken.
Aus den Samen wurde ein Öl gepresst, mit dem Ungeziefer bekämpft wurde. Das Holz wird wegen der hübschen Maserung gerne zum Drechseln verwendet, darüber hinaus auch zur Zeichenkohlegewinnung.

## GIFTIGKEIT

- → **Giftige** Wirkstoffe (Glykoside, Alkaloide Evonin, Koffein und Theobromin) in Blättern, Rinde und vor allem den Samen, wobei eine Frucht 1–4 Samen enthält.
- → Bei Verzehr: Darmentzündungen, Durchfall, Krämpfe, Herzrhythmusstörungen, Leber-, Nieren- und Kreislaufschädigungen.
- → Für einen Erwachsenen sind bereits ab 10 Samen schwere Vergiftungen möglich und bei Kindern ab 5 Samen.

# Rainfarn

*Tanacetum vulgare* · Fam. Korbblütler (Asteraceae)

Dieses Wildkraut wurde früher bei Magen-Darm-Beschwerden und als Wurmmittel eingesetzt. Da eine Überdosis gefährlich ist und eine gegen Parasiten ausreichende Dosis auch für den Menschen schädlich wirkt, ist der Rainfarn innerlich verabreicht nicht mehr im Gebrauch. Er sollte Wildkräutersammelnden bekannt sein, um Verwechslungen mit beliebten Wildkräutern auszuschließen.

**60–120 cm**

**ausdauernd**

## DA WÄCHST ER

Er wächst in Unkrautfluren, an Wegrändern und Schuttstellen auf nährstoffreichen und nicht zu trockenen Böden. Die Blätter dieser „Kompasspflanze" richten sich als Überhitzungsschutz senkrecht nach Süden aus.

*Blütenköpfe mit vielen Einzelblüten*

## VERWENDUNG & GESCHICHTEN

Bevor es Kühlschränke gab, hat man das Fleisch als Schutz vor Madenbefall in Rainfarn-Blätter gewickelt. Ebenso hat man die Blätter gegen Ungeziefer auf den Boden gestreut oder als „Maria Bettstroh" in die Wiege Neugeborener gelegt. Im biologischen Pflanzenschutz hilft ein Aufguss aus den Blättern gegen Blattläuse und Milben.
In der Volksmedizin werden Breiumschläge bei Quetschungen und Krampfadern sowie gegen Rheuma aufgelegt. Als Räucherkraut helfen die Blätter und Blüten u. a., Krankenzimmer zu desinfizieren, eine gespannte Atmosphäre zu reinigen und Insekten fernzuhalten. Imker können zum Beruhigen der Bienen die Blätter in ihren Pfeifen rauchen, sollten den Rauch jedoch nicht inhalieren. Für die Pflanzenfärberei liefern die Blütenstände eine gelbe Farbe.

## GIFTIGKEIT

- → **Giftige** und intensiv duftende ätherische Öle (u. a. Thujon) und weitere Wirkstoffe in allen Pflanzenteilen.
- → Bei Berührung: Bei empfindlichen Menschen kann der Hautkontakt mit der Pflanze zu Allergien führen.
- → Bei Verzehr: Große Mengen können zu Schädigungen von Nieren, Leber, Schleimhäuten und dem zentralen Nervensystem führen.

## ENTSCHEIDENDE MERKMALE

Der Blütenstand setzt sich aus vielen einzelnen Blütenköpfchen zusammen.

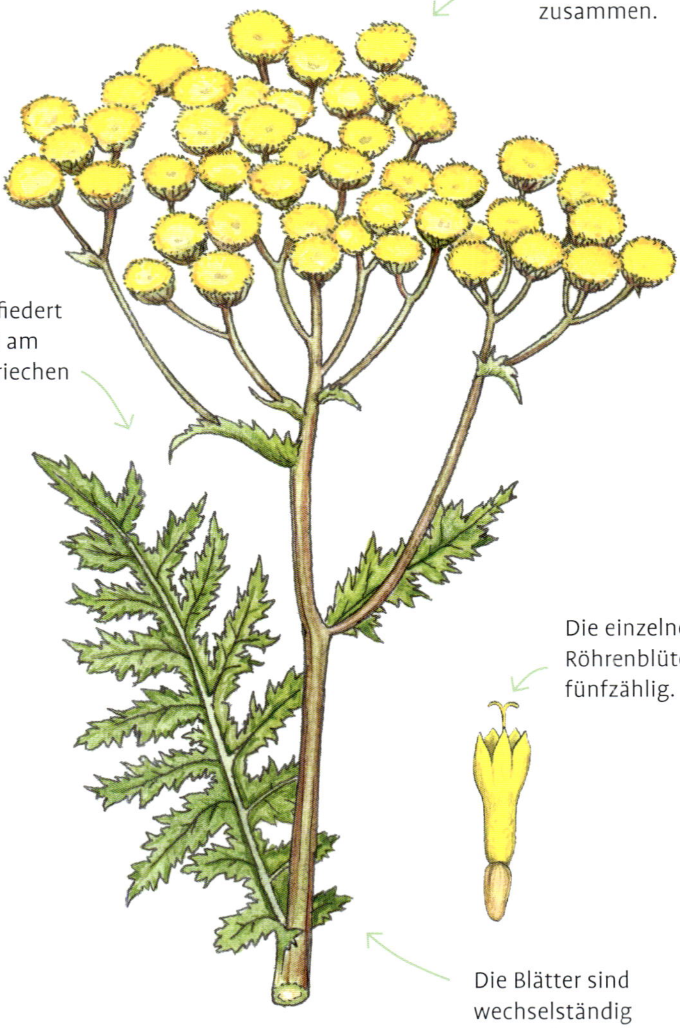

Die Blätter sind gefiedert bis fiederteilig und am Rand gezähnt, sie riechen stark aromatisch.

Die einzelnen Röhrenblüten sind fünfzählig.

Die Blätter sind wechselständig angeordnet.

### Achtung!

Gefiederte Blätter haben zahlreiche Wildkräuter – hilfreich ist es sich den Geruch einzuprägen, da dieser sehr charakteristisch ist.

## ÄHNLICHE WILDPFLANZEN

Verwechslungsgefahr besteht vor allem mit Wildpflanzen mit gefiederten Blättern. Dies sind zum einen beliebte Wildkräuter wie Schafgarbe, Mädesüß, Beifuß oder Kamille, zum anderen aber auch Giftpflanzen aus der Familie der Doldengewächse. Der charakteristische Duft des Rainfarns ist ein gutes Erkennungs- und Unterscheidungsmerkmal!

*Die Blätter der Schafgarbe sind feiner gefiedert.*

### Gewöhnliche Schafgarbe

*Achillea millefolium*

Sowohl Rainfarn als auch Gewöhnliche Schafgarbe haben einen intensiven Geruch, an dem sie unterschieden werden können. Zudem sind die Blätter der Schafgarbe viel feiner gefiedert. Es gibt aber noch weitere ähnlich aussehende *Achillea*-Arten, die auch gröbere Blattfiedern besitzen.

*Nebenblätter und gefiedertes Blatt vom Kleinen Mädesüß.*

### Rosengewächse

*Potentilla anserina*, Gattungen *Filipendula* und *Agrimonia*

Rosengewächse mit gefiederten Blättern können im blütenlosen Zustand recht ähnlich aussehen. Dies sind vor allem die jeweils zwei Arten der Gattung Odermennig (*Agrimonia*) und Mädesüß (*Filipendula*). Sie lassen sich durch ihre Nebenblätter („Öhrchen" an der Ansatzstelle des Blattes am Stängel) und Zwischenfiedern unterscheiden, das sind kleine Fiederblättchen zwischen den einzelnen Blattfiedern. Das Gänse-Fingerkraut (*Potentilla anserina*) hat zudem silbrige Blattunterseiten.

### Beifuß-Arten

Gattung *Artemisia*

Einige Arten der Gattung Beifuß haben ebenfalls fiederteilige Blätter und können vor der Blüte Rainfarn ähneln. Dies sind besonders der Gewöhnliche (***Artemisia vulgaris***) und der Verlot-Beifuß (*Artemisia verlotiorum*). Beide haben silbrig behaarte Blattunterseiten.

*Gewöhnlicher (links) und Verlot-Beifuß (rechts).*

### Echte Kamille und Hundskamillen

*Matricaria chamomilla*, Gattung *Anthemis*

Diese Arten haben ebenfalls gefiederte Blätter. Vor allem die der Echten Kamille haben sehr feine Fiederblättchen und duften typisch. Hundskamillen werden in der Regel nicht kulinarisch verwendet.

# Schachtelhalm, Sumpf-

*Equisetum palustre* · Fam. Schachtelhalmgewächse (Equisetaceae)

Der Acker-Schachtelhalm ist eine beliebte Heilpflanze. Um ihn anzuwenden ist es aber wichtig, ihn sicher vom Sumpf-Schachtelhalm zu unterscheiden. Allerdings ist dieser vor allem für das Vieh giftig.

**50–100 cm**

**ausdauernd**

## DA WÄCHST ER

Wildkräutersammelnde finden den Sumpf-Schachtelhalm in Nasswiesen, in Sümpfen und an Ufern. Dort kann auch der Acker-Schachtelhalm gedeihen und so ist der Standort kein sicheres Unterscheidungsmerkmal.

*Stängelscheide und Seitentriebe*

## VERWENDUNG & GESCHICHTEN

Für die Landwirtschaft ist der Sumpf-Schachtelhalm eine gefürchtete Pflanze. Er wird auch Duwock genannt und breitet sich vegetativ stark aus. Er enthält ebenso wie der Acker-Schachtelhalm – der auch Zinnkraut genannt wird – Kieselsäure und wurde gleichfalls zum Reinigen von Zinngeschirr verwendet.

## GIFTIGKEIT

- **Giftige** Alkaloide (Palustrin und Nicotin) und ein giftiges Enzym (Thiaminase) in allen Pflanzenteilen.
- Die Giftstoffe bleiben in Heu und Silage erhalten. Pferde reagieren auf den Verzehr besonders empfindlich. Eine Vergiftung äußert sich in der sogenannten „Taumelkrankheit". Die Tiere beginnen zu taumeln, sind schreckhaft und haben Muskelzuckungen. Leichte Vergiftungen zeigen sich durch Abmagerung und allgemeine Schwäche. Schwere Vergiftungen enden tödlich, indem die Tiere völlig erschöpft zusammenbrechen. Bei Rindern geht der Milchertrag zurück und es zeigen sich Lähmungserscheinungen.
- In der Literatur finden sich keine Hinweise auf Vergiftungen bei Menschen.

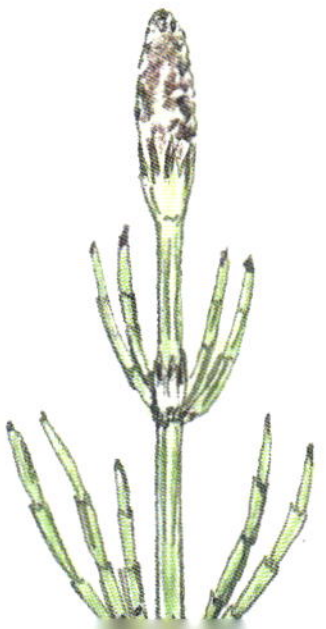

## ENTSCHEIDENDE MERKMALE

Die Sporenähren werden auf den grünen Trieben gebildet.

Die Zähne der meist verdickten Stängelscheiden haben einen weißen Hautrand.

Der erste Seitentrieb ist kürzer als die Stängelscheide.

Die Seitentriebe sind unverzweigt.

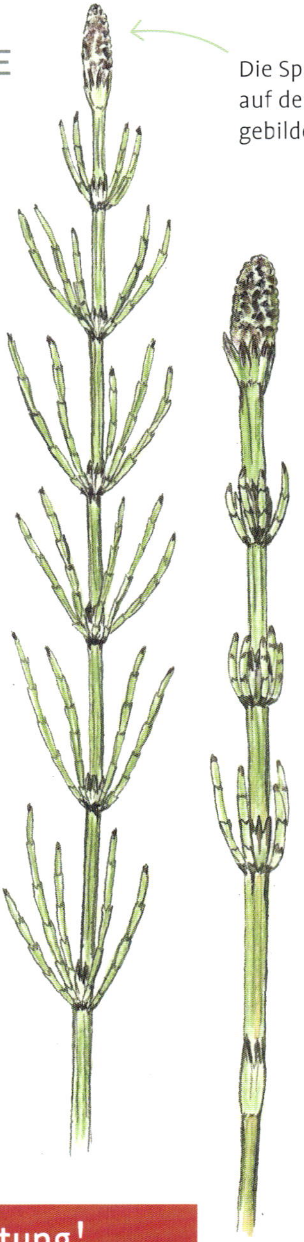

### Achtung!

Am Stängelquerschnitt lassen sich die einzelnen Schachtelhalm-Arten ebenso unterscheiden wie an ihren anderen Merkmalen.

## ÄHNLICHE WILDPFLANZEN

Auch wenn die Giftstoffe des Sumpf-Schachtelhalms für Menschen nicht giftig zu sein scheinen, sollten Wildkräutersammelnde diese Arten unterscheiden können. Gute Merkmale liefert das Verhältnis von der Länge der Stängelscheide zu der des ersten Seitengliedes, die Art und Weise der Verzweigung sowie der Stängelquerschnitt.

### Acker-Schachtelhalm

*Equisetum arvense*

Der Acker-Schachtelhalm ist daran zu erkennen, dass das erste Glied der meist vierkantigen Seitentriebe länger ist als die Stängelscheide. Außerdem erscheinen die bleichen Sporentriebe vor den grünen, verzweigten Trieben. Dies ist ein gutes Merkmal für diese Art, da alle der hier vorgestellten Arten die Sporenähren auf den grünen Trieben ausbilden.

*Der Acker-Schachtelhalm hat lange erste Seitentriebe.*

### Wald-Schachtelhalm

*Equisetum sylvaticum*

Bei dieser Art sind die Seitetriebe stark verzweigt. Auch hier werden die Sporenähren auf den grünen Trieben gebildet.

*Der Wald-Schachtelhalm hat verzweigte Seitentriebe.*

### Teich-Schachtelhalm

*Equisetum fluviatile*

Der Teich-Schachtelhalm hat einen hohlen Stängel. Bei ihm ist der erste Seitentrieb ebenfalls kürzer als die Stängelscheide, allerdings ist diese nicht verdickt.

*Der Teich-Schachtelhalm hat keine verdickten Scheiden.*

### Winter-Schachtelhalm

*Equisetum hyemale*

Der Winter-Schachtelhalm ist relativ selten, er ist wintergrün und besitzt meist keine Seitentriebe. Bei ihm wird die Sporenähre ebenfalls im Sommer auf den grünen Trieben gebildet.

# Schattenblume, Zweiblättrige

*Maianthemum bifolium* · Fam. Spargelgewächse (Asparagaceae)

Auch wenn diese Pflanze nicht so stark giftig ist wie noch vor einiger Zeit vermutet, sollten Wildkräutersammelnde sie erkennen und die hüschen Blütenstände und Beeren nicht aus Versehen in die Wildkräuterküche geben.

**5–20 cm**

**ausdauernd**

## DA WÄCHST SIE

Diese zarte, bis 20 cm große Pflanze begegnet Wildkräutersammelnden vor allem in schattigen Wäldern auf nicht zu trockenen, humusreichen Böden. Sie bevorzugt Bergregionen und ist in den Alpen bis nahezu 2000 m Höhe zu finden. Gelegentlich wird sie auch als Bodendecker für schattige Plätze in Parks und Gärten gepflanzt.

*Fruchtstand*

## VERWENDUNG & GESCHICHTEN

Die Zweiblättrige Schattenblume verdankt ihren Namen ihrem Standort in schattigen Wäldern und den beiden sich versetzt gegenüber stehenden Stängelblättern blühender Triebe. Der wissenschaftliche Name leitet sich von der Blütezeit im Mai ab: *maios* (griech.) heißt „Mai“ und *anthemon* heißt „Blume“.
In der Volksmedizin hat man das „Schattenblümchen“ als harntreibendes Mittel verwendet.

## GIFTIGKEIT

→ **Giftig** durch Saponine, die in allen Pflanzenteilen vorkommen. Den höchsten Wirkstoffgehalt haben die Beeren.
→ Die Giftwirkung scheint umstritten. Früher hat man angenommen, dass der Verzehr ähnliche Vergiftungserscheinungen hervorrufen würde, wie die des Maiglöckchens. Dies ist jedoch nicht der Fall und es sind keine tödlichen Vergiftungen bekannt.

## ENTSCHEIDENDE MERKMALE

Die weißen vierzähligen Blüten stehen am Ende des Stängels zu mehreren zusammen.

Die blühenden Triebe haben zwei sich versetzt gegenüber stehende, herzförmige Blätter mit glattem Blattrand.

Die nicht blühenden Triebe sind einblättrig.

Die Pflanze bildet unterirdische Ausläufer und nimmt so bodendeckend ganze Flächen ein.

### Achtung!

Diese Art mit ihren herzförmigen Blättern hat den für einkeimblättrige Pflanzen typischen, glatten Blattrand. Dies trifft jedoch ebenso auf Maiglöcken zu!

# ÄHNLICHE WILDPFLANZEN

Verwechslungsgefahr besteht vor allem beim Sammeln von Preiselbeeren. Die herzförmigen Blätter ähneln auch denen von Veilchen. Da diese allerdings kaum in der Wildkräuterküche verwendet werden, ist die Gefahr relativ gering.
Ähnlich sind auch die Blätter von Arten der Gattung Weißwurz oder Maiglöckchen, beide sind jedoch sehr viel giftiger als die des Schattenblümchens.

*Das Wald-Veilchen hat am Stängel verteilte Blätter.*

## Veilchen-Arten

Gattung *Viola*

Auch wenn die Blätter der verschiedenen Arten von Veilchen herzförmig sind, unterscheidet sich die Wuchsform erheblich. Bei den Veilchen gibt es keine lang gestielten, einzeln aus einer unterirdischen Sprossachse wachsenden Blätter. Außerdem ist der Blattrand der Veilchen meist gesägt oder gezähnt und nicht ganzrandig.

*Preiselbeere mit roten Beeren und rundlichen Blättern.*

## Preiselbeere

*Vaccinium vitis-idaea*

Die Beeren der Preisebeere sind nicht gefleckt. Sie stehen zu mehreren in meist überhängenden, traubigen Fruchtständen. Die ganze Gestalt dieses immergrünen Zwergstrauches ist durch die kleinen ledrigen und rundlichen Blätter gut zu unterscheiden.

## Weißwurz-Arten

*Polygonatum odoratum* und *P. multiflorum*

Das Salomonssiegel und die Vielblütige Weißwurz sind vor allem zu Beginn ihres Wachstums ähnlich, wenn sich der überhängende Stängel noch nicht entwickelt hat. Diese ebefalls giftigen Arten werden in der Volksmedizin verwendet, spielen als essbare Wildpflanze jedoch keine Rolle.

*Vielblütige Weißwurz mit traubigem Blütenstand.*

## Maiglöckchen

*Convallaria majalis* (S. 93)

Diese tödlich giftige Pflanze darf auf keinen Fall statt dem Schattenblümchen gesammelt werden, falls dies als harntreibendes Mittel eingesetzt wird.

# Schierling, Gefleckter

*Conium maculatum* · Fam. Doldengewächse (Apiaceae)

Er ist eine der gefürchtetsten Giftpflanzen. Seine essbaren Doppelgänger sind daher wahrlich nur etwas für die Fortgeschrittensten unter den Kräutersammelnden. Im Frühjahr sind die ersten Blattrosetten nicht sicher von essbaren Doldengewächsen zu unterscheiden! Ausgewachsen fällt diese bis 2 m große Pflanze vor allem durch die stattliche Gestalt, die fein gefiederten Blätter und die weißen Blütendolden auf.

**80–200 cm**

**ein- bis zweijährig**

## DA WÄCHST ER

Wildkräutersammelnde finden diese ein- bis zweijährige Pflanze an Wegrändern und Ackerflächen, wo auch Wiesen-Kerbel oder Wilde Möhre gesammelt wird. Sie ist vor allem im Siedlungsbereich verbreitet und bevorzugt stickstoffhaltige Lehmböden.

*Gefleckter Stängel*

## VERWENDUNG & GESCHICHTEN

Im antiken Griechenland war der Schierling Bestandteil des tödlich giftigen Schierlingsbechers, mit dem u. a. Sokrates hingerichtet wurde. Das Vieh meidet diese Pflanze und getrocknet im Heu sind die abgebauten Giftstoffe weniger wirksam, jedoch immer noch vorhanden. Trotz der Giftigkeit dieser Pflanze hat sie vor allem im Mittelalter auch eine Tradition als sogenanntes Keuschheitsmittel (vor allem in den Klöstern), als Betäubungsmittel vor Amputationen und war Bestandteil vieler Hexensalben. Heute wird sie nur noch in der Homöopathie verabreicht.

## GIFTIGKEIT

- **Tödlich giftige** Alkaloide (vor allem Coniin) in allen Pflanzenteilen. 0,5–1 g Coniin ist tödlich, das entspricht etwa 5–8 g frischen Pflanzenmaterials.
- Schnelle Aufnahme über Haut und Schleimhäute.
- Bei Berührung: Bei empfindlichen Personen ist Ausschlag möglich.
- Bei Verzehr: Brennen im Mund, Taubheitsgefühl, Erbrechen, Krämpfe, Schwindel, Rhabdomyolyse, Nierenversagen, Lähmung der Zunge und schließlich auch der Atmungsorgane.

## ENTSCH

Eine Blütendolde setzt sich aus 8–15 Döldchen mit rückwärts gerichteter Hülle zusammen. Die Hüllchenblätter stehen einseitswendig ab.

Die eiförmigen Früchte haben wellig-gekerbte Rippen.

Die zwei- bis dreifach gefiederten Blätter riechen zerrieben meist nach Mäuseurin.

Der rötlich gefleckte Stängel ist ganz bis zur Basis kahl und abwischbar bereift.

## Achtung!

Obwohl der gefleckte Stängel mit dem Ausdruck *maculatum* sogar im Namen vorkommt, gibt es immer Ausnahmen von der Regel, wie auf dem Foto zu sehen ist.

# ÄHNLICHE WILDPFLANZEN

Verwechslungsgefahr besteht vor allem mit essbaren Doldengewächsen mit ebenfalls fein gefiederten Blättern wie Wilde Möhre, Wiesen-Kerbel, Petersilie und Süßdolde.
Ähnlich sind auch Hundspetersilie (S. 79) und Arten der Gattung Kälberkropf (*Chaerophyllum*). Erstere unterscheidet sich durch die längeren Hüllchenblätter, die fehlende Hülle und den meist ungefleckten Stängel. Kälberkropf-Arten sind zumindest im unteren Stängelabschnitt borstig behaart und haben längliche Früchte.

*Der Wiesen-Kerbel hat einen gerillten Stängel.*

## Wiesen-Kerbel

*Anthriscus sylvestris*

Er ist vor allem an dem kantig gerillten Stängel zu erkennen. Außerdem sind seine Früchte länglich und nicht geflügelt.

*Die Hülle der Wilden Möhre ist gefiedert.*

## Wilde Möhre

*Daucus carota*

Sie erkennt man an der schwarz-roten Blüte im Zentrum jeder Blütendolde. Fehlt diese, erkennt man sie am Geruch der Blätter (zerreiben!), den gefiederten Hüllblättern, den borstigen Früchten und der vor und nach der Blüte nestartig zusammenneigenden Form der Dolde.

## Petersilie

*Petroselinum crispum*

Die Petersilie wurde wegen der großen Verwechslungsgefahr kraus gezüchtet. Sie unterscheidet sich vor allem durch das Aroma der Blätter und die gelbgrünlichen Blüten.

## Süßdolde

*Myrrhis odorata*

Die Süßdolde ist durch ihr süßlich und etwas anis-lakritzartiges Aroma (Blätter zerreiben) gut kenntlich, ebenso durch die 1,5–2,5 cm langen Früchte.

*Die Früchte der Süßdolde sind länglich und bis 2,5 cm groß.*

# Schneeball, Wolliger

*Viburnum lantana* · Fam. Moschuskrautgewächse (Adoxaceae)

Dies ist eine der zahlreichen Schneeball-Arten, deren Früchte nicht bekömmlich sind. Sie sind erst rot und dann glänzend schwarz und hängen oft noch den ganzen Winter über an den Zweigen.

**1–4 m**

**Strauch**

## DA WÄCHST ER

Dieses lichtbedürftige Gehölz gedeiht wild in lichten Wäldern vor allem auf Kalkböden. Es ist vom Tiefland bis in Höhen von bis zu 1900 m in den Alpen verbreitet. Darüber hinaus wird es in Parks und Gärten gepflanzt.

*Reife und unreife Früchte*

## VERWENDUNG & GESCHICHTEN

Die Früchte sind eine wichtige Nahrung für Vögel und von den meisten Vogelarten werden sie gut vertragen. Der Strauch wird als Böschungsbegrünung und in Schutzgebieten als Vogelnist- und Nährgehölz angepflanzt.
In der Homöopathie werden die Wirkstoffe des Schneeballs meist in Kombination mit anderen Heilpflanzen eingesetzt. Früher wurden aus dem harten Holz Pfeilschäfte hergestellt.

## GIFTIGKEIT

- **Giftige** Triterpene und der Bitterstoff Viburnin, vor allem in der Rinde und den unreifen Früchten.
- Im Volksmund werden die Früchte auch „Schwindelbeeren“ genannt, ob sie jedoch tatsächlich giftig sind, ist umstritten. Die reifen Steinfrüchte sollen keine Giftstoffe mehr enthalten.
- Der Verzehr: Die unreifen Steinfrüchte und anderen Pflanzenteile verursachen Übelkeit, Erbrechen, Bauchschmerzen, Durchfall und Magen-Darm-Entzündungen.
- Bei Berührung: Allergische Reaktionen sind denkbar, jedoch kaum dokumentiert.

# Schöllkraut

*Chelidonium majus* · Fam. Mohngewächse (Papaveraceae)

30–70 cm

ausdauernd

Dem Schöllkraut werden seit dem Altertum große Heilkräfte nachgesagt. Der wissenschaftliche Name ist vom griechischen Wort *chelidon* abgeleitet und bedeutet „Schwalbe". Er bezieht sich auf den Blühbeginn im Frühjahr zur Rückkehr der Schwalben aus ihren Winterquartieren. Im Mittelalter wurde der Name als *caeli donum* gedeutet, was so viel wie „Himmelsgeschenk" bedeutete. Es wurde als Amulett getragen und die Alchemisten erprobten die Wurzel zur Goldgewinnung.

## DA WÄCHST ES

Diese ausdauernde Pflanze begegnet Wildkräutersammelnden im Siedlungsbereich auf Schuttplätzen, an Wegrändern und in Hecken. Die Samen tragen für Ameisen nahrhafte Anhängsel. Dadurch gelangen sie auch in Mauerspalten und keimen dort.

*Rundliche Blattzipfel*

## VERWENDUNG & GESCHICHTEN

Die antiviralen, antibakteriellen, beruhigenden, krampflösenden und entzündungshemmenden Wirkstoffe stehen den Opiumalkaloiden nahe. Sie sind auf keinen Fall für eine Selbstbehandlung geeignet! In der Heilkunde und Homöopathie wird Schöllkraut gegen Nieren- und Gallenleiden, Menstruationskrämpfe, Magenschmerzen, Asthma, Reiz- und Krampfhusten sowie Rheuma und Gicht angewandt. Mit dem frischen Milchsaft können Warzen und Hühneraugen behandelt werden. Die frischen Blätter färben Wolle, Seide und Baumwolle leuchtend gelb.

## GIFTIGKEIT

→ **Tödlich giftige** Alkaloide (Chelerythrin, Chelidonin, Chelidoxanthin, Sanguinarin, Spartein u. a.), besonders im orangefarbenen Milchsaft.
→ Die Giftwirkung geht beim Trocknen verloren. Da das frische Kraut unangenehm schmeckt, gibt es kaum schwere Vergiftungen.
→ Der Verzehr der frischen Blätter wirkt auf den gesamten Verdauungskanal: Es kommt zu Brennen im Mund, Harndrang, Benommenheit, Herzrhythmusstörungen, blutigem Stuhl, Blutdruckabfall, was bei entsprechender Dosis tödlich enden kann.
→ Die tägliche Einnahme geringer Mengen über wenige Wochen führt zu Leberentzündung mit Gallestau.

# Seidelbast

*Daphne mezereum* · Fam. Seidelbastgewächse (Thymelaeaceae)

Diese tödlich giftige Pflanze zu kennen, empfiehlt sich vor allem, um sie nicht aus Versehen in der Küche zu verwenden. Sie ist aber auch eine sehr gute Zeigerpflanze für kalkhaltige Standorte. Blühend oder fruchtend ist sie leicht zu identifizieren, ansonsten wirkt dieses bis 1 m große Gehölz eher unscheinbar. Eine Besonderheit und ein Erkennungsmerkmal ist, dass die Blüten direkt am Stamm gebildet werden (Kauliflorie).

**bis 1 m**

**verholzende Pflanze und geschützt**

## DA WÄCHST ER

Wildkräutersammelnde begegnen diesem Kalkzeiger in krautreichen Laub- und Nadelmischwäldern im Hügel- und Bergland. In den Alpen findet man ihn in bis zu 2000 m Höhe. Dort gibt es noch weitere Arten dieser Gattung, sie stehen alle unter Naturschutz!

*Blüten direkt am Stamm*

## VERWENDUNG & GESCHICHTEN

Der auch manchmal verwendete Name „Kellerhals" stammt vom mittelhochdeutschen „kellen" – was so viel wie „quälen" bedeutet und das würgende und brennende Gefühl nach dem Verzehr beschreibt. Früher verabreichte man die Pflanze zur Linderung von Kopf- und Zahnschmerzen und legte die Rinde als Zugpflaster in Essig ein. In der Homöopathie wird er vor allem bei Hautkrankheiten, aber auch gegen Schmerzen und Magenbeschwerden eingesetzt.

## GIFTIGKEIT

- **Tödlich giftige** Wirkstoffe (Mezerein, Glykosid Daphnin, Scharfstoff Daphnetoxin) in allen Pflanzenteilen, vor allem dem Kern. Bereits der Verzehr von 10–12 Beeren kann tödlich sein, wenn die Kerne zerbissen werden. Das Fruchtfleisch enthält kaum Wirkstoffe.
- Bachstelzen und Drosseln speien die Steinkerne wieder aus und tragen dadurch zur Verbreitung des Strauches bei.
- Bei Berührung: Haut- und Schleimhautreizung, die sich vor allem durch Entzündung und Blasenbildung äußert.
- Bei Verzehr: Erbrechen, Krämpfe, Blutungen und Brennen in der Kehle, gefolgt von Schwindel, Kopfschmerzen, Herzrasen sowie Schädigung des ZNS und der Nieren, was bei entsprechender Menge zum Tod führt.

# Stechapfel

*Datura stramonium* · Fam. Nachtschattengewächse (Solanaceae)

Dieses hübsche Nachtschattengewächs sollten Wildkräutersammelnde auch ohne die typischen stacheligen Früchte, denen es seinen Namen verdankt, sicher erkennen können, da es stark giftig ist.

**bis 1 m**

**einjährig**

## DA WÄCHST ER

Dieses einjährige, strauchartige Nachtschattengewächs finden Wildkräutersammelnde in Äckern und Ruderalfluren, d.h. vor allem im Siedlungsbereich, wo der Boden frisch umgebrochen wurde. Der Stickstoff-Zeiger stammt vermutlich aus Amerika.

*Trichterförmige Blüte*

## VERWENDUNG & GESCHICHTEN

Trotz – oder gerade wegen – der sehr starken Giftwirkung hat der Stechapfel eine lange Tradition als Heil- und Rauschmittel. Er wurde ursprünglich in der Narkose statt Chloroform und Äther bei Operationen und in der Psychiatrie als Beruhigungsmittel eingesetzt, aber auch bei Augenleiden und Rheuma. Früher hat man seinen Rauch auch gegen Asthma inhaliert, doch durch den Genuss der „Asthma-Zigaretten" soll es sogar Todesfälle gegeben haben.
Stechapfel war Bestandteil der Hexensalben und Liebestränke. Beide Anwendungen sind äußerst gefährlich! Ähnlich wie Bilsenkraut hat man den Stechapfel auch zum Hühnerstehlen verwendet (S. 39).

## GIFTIGKEIT

→ **Tödlich giftige** Alkaloide (Hyoscyamin, Scopolamin, Atropin u. a.) in allen Pflanzenteilen, besonders in Wurzel und Samen. Die tödliche Dosis liegt bei 0,1 mg Scopolamin pro kg Körpergewicht und 1 g Pflanze enthält 2–10 mg des Wirkstoffes.
→ Bei Verzehr: Bereits ab 0,3 g Stechapfel können Erregungszustände auftreten, die von Tobsucht bis zu Heiterkeit reichen, gefolgt von Sinnestäuschungen, Übelkeit, erweiterten Pupillen, Benommenheit, Sehstörungen und bei entsprechender Menge kann es zum Tod durch Atemlähmung kommen.
→ Die Aufnahme der Giftstoffe erfolgt auch über die Haut und Schleimhäute. Die Vergiftung ist ähnlich der von Tollkirsche (S. 135) und Engelstrompete.

## ENTSCHEIDENDE MERKMALE

### Achtung!

Mit Früchten ist diese giftige Pflanze leicht zu erkennen – doch wichtig ist es, sie auch ohne diese auf jeden Fall zu meiden!

## ÄHNLICHE WILDPFLANZEN

Verwechslungsgefahr besteht vor allem mit Wildpflanzen, die ebenfalls im Siedlungsbereich anzutreffen sind und ähnliche Blattformen besitzen wie Franzosenkraut, Gänsefuß, Melden und Guter Heinrich. In den beiden Gattungen Gänsefuß (*Chenopodium*) und Melde (*Atriplex*) aus der Familie der Fuchsschwanzgewächse (Amaranthaceae) gibt es zahlreiche weitere Arten, die teilweise nur schwer auseinanderzuhalten sind. Sie alle besitzen ähnliche Blüten- und Fruchtmerkmale, wie die hier vorgestellten Arten, sodass im Zweifelsfall auf den Genuss verzichtet wird, bis sie sicher zu erkennen sind.

*Blühend ist Franzosenkraut leicht zu unterscheiden.*

### Franzosenkraut-Arten

*Galinsoga ciliata* und *G. parviflora*

Diese beiden Franzosenkraut-Arten haben keine grob gebuchteten Blätter wie der Stechapfel, einen mehr oder weniger bahaarten Stängel und ganz andere Blüten.

*Der Weiße Gänsefuß hat mehlig bepuderte junge Triebe.*

### Gänsefuß-Arten

Gattung *Chenopodium*

Die Blattform dieser Arten ist von länglich bis zu rhombisch-dreieckig sehr variabel. Der Blattrand ist meist unregelmäßig gesägt und die Blätter werden nach oben hin schmaler. Jung erscheinen sie bemehlt – meist ebenso wie der Blütenstand. Dies sind abwischbare, blasenförmige, salzausscheidende Haare.

### Guter Heinrich

*Chenopodium bonus-henricus*

Diese Art ist der stattlichste Vertreter der Gattung *Chenopodium* und die einzige ausdauernde Art. Dieser Kulturfolger gedeiht vor allem in den Bergen auf stickstoffreichen Böden in Siedlungsnähe.

*Der Gute Heinrich hat spießförmige Blätter.*

### Melde-Arten

Gattung *Atriplex*

Die Arten dieser Gattung sehen den Gänsefüßen sehr ähnlich und landläufig wird oft kein Unterschied zwischen ihnen gemacht. Sie haben ebenfalls kleine und unscheinbare Blüten in komplexen Blütenständen.

# Stechpalme

*Ilex aquifolium* · Fam. Stechpalmengewächse (Aquifoliaceae)

Früher hat man angenommen, dass der Verzehr von 20–30 der beerenartigen Steinfrüchte für einen Erwachsenen tödlich sei. Inzwischen geht man davon aus, dass sie weit weniger Wirkstoffe enthalten als vermutet. Die Zweige mit den Früchten sind eine schöne Dekoration. Hier sollte darauf geachtet werden, dass sie nicht versehentlich von Kindern verzehrt werden, auch wenn sie nicht so stark giftig sind wie befürchtet. Vögel fressen die Früchte und verbreiten die unverdaulichen Samen.

10–15 m

Strauch

## DA WÄCHST SIE

Dieses bis 15 m hohe Gehölz mit stachelspitzigen, immergrünen Blättern wächst in Wäldern und Gebüschen auf lockeren, kalkarmen Lehmböden. Es bevorzugt milde Winter und nicht zu trockene Sommer, vor allem in atlantisch beeinflussten Regionen Europas.

Steinfrüchte

## VERWENDUNG & GESCHICHTEN

Der Name „Stechpalme" geht auf den christlichen Brauch zurück, an Palmsonntag – dem Sonntag vor Ostern – mit Palmzweigen den Einzug von Jesus in Jerusalem zu feiern. Da echte Palmen bei uns nicht wachsen, nimmt man stattdessen Zweige von immergrünen Pflanzen wie Buchsbaum und Stechpalme. Früher wurde das Holz der Stechpalme für Kunstwerke wie Intarsien, Holzschnitzereien und Spazierstöcke genutzt. In Weimar kann man noch heute Johann Wolfgang von Goethes Spazierstock aus Stechpalmenholz bewundern. Früher wurde die Rinde bei Rheuma und Gicht und die Früchte gegen Verstopfungen verwendet, doch heute gibt es keine medizinische Anwendung mehr.

## GIFTIGKEIT

→ **Giftige** Wirkstoffe (Glycosid und Nitril Menisdaurin, Flavonoid Rutin, Ursolsäure und Alkaloid Ilicin. u. a.) in allen Teilen und vor allem den Steinfrüchten.

→ Bei Menschen mit empfindlicher Haut kann der Kontakt mit dem Saft des Gehölzes Reizungen oder allergische Reaktionen auslösen. Die giftigen Bestandteile sind jedoch vor allem dann gefährlich, wenn Pflanzenteile gegessen werden.

→ Bei Verzehr: Übelkeit, Erbrechen, Bauchschmerzen und Durchfall.

# Tollkirsche

*Atropa belladonna* · Fam. Nachtschattengewächse (Solanaceae)

Vergiftungen treten vor allem durch die Beeren auf, doch wer Wildkräuter sammelt, sollte diese Pflanze auch ohne Blüten und Früchte erkennen. Zum einen, weil sie eine gute Zeigerpflanze für Kalkböden ist, und zum anderen, um sie nicht mit Essbarem zu verwechseln.

**bis 1,5 m**

**ausdauernd**

## DA WÄCHST SIE

Tollkirschen begegnen Wildkräutersammelnde vor allem auf kalkhaltigen Böden, meist an Waldrändern von lichten Laub- und Nadelwäldern und in Gebirgslagen bis zu 1700 m.

*Typische ausladende Wuchsform*

## VERWENDUNG & GESCHICHTEN

Der Name *bella donna* heißt so viel wie „schöne Frau". Das Atropin erweitert die Pupillen und wurde im Altertum von den Venetianerinnen als Schönheitsmittel verwendet. Der Gattungsname bezieht sich auf die Giftwirkung – Atropa kommt vom griechischen Wort *Atropos* und bedeutet „unabwendbar tödlich". Bei den sogenannten „Flug- oder Hexensalben" führten die Wirkstoffe äußerlich aufgetragen über die Haut und Schleimhaut zu Halluzinationen, und die Tollkirsche war Bestandteil vieler Gift- und Liebestränke.
In der Medizin verwendet man Atropin in der Augendiagnostik, zur Linderung physischer und psychischer Schmerzen, bei Bronchialasthma, Neuralgien und gegen Krampfzustände des Magen-Darm-Kanals. Die Homöopathie verordnet sie in erster Linie gegen Schmerzen, Koliken, Magengeschwüre, Asthma und Gicht.

## GIFTIGKEIT

- **Tödlich giftige** Alkaloide (Hyoscyamin, Scopolamin, Atropamin, Atropin u. a.) in allen Pflanzenteilen, vor allem in den Früchten.
- Schnelle Aufnahme über Haut und Schleimhäute.
- Vögel fressen die Beeren unbeschadet.
- Bei Verzehr: Zunächst warme und trockene Haut und Mund, Schluckbeschwerden, Erbrechen, Durst und Schwindel, dann zunehmend Krämpfe und Herzrasen – oft verbunden mit Wahnvorstellungen und Tobsuchtsanfällen –, die bei entsprechender Dosis (bei Kindern 2–5 Beeren und Erwachsenen 10–20) zum Tod führen können.

## ENTSCHEIDENDE MERKMALE

Die Beerenfrüchte sind reif schwarz glänzend und befinden sich in den 5 relativ großen Kelchblättern.

Die braun-violetten Blütenblätter sind zu einer Glocke verwachsen.

Die einfachen Blätter laufen spitz zu.

Der Stängel der ca. 1,5 m hohen Staude ist flaumig behaart.

### Achtung!

Mögen die Früchte noch so verlockend aussehen – sie sind stark giftig!

# ÄHNLICHE WILDPFLANZEN

Verwechslungsgefahr besteht einerseits mit anderen Stauden oder Gehölzen mit ähnlichen Früchten und zum anderen mit Pflanzen mit ähnlichen Blättern. Allerdings sind dies in der Regel kaum Pflanzen, die in der Wildkräuterküche Verwendung finden.

## Faulbaum

*Rhamnus frangula*

Der Faulbaum ist keine Staude, sondern ein bis 7 m hoher Strauch oder kleiner Baum. Seine weißen Blüten sind unscheinbar und auch die für den Menschen giftigen Beeren sind kleiner. Außerdem fehlen ihnen die Kelchblätter. Sie können zum Färben verwendet werden.

*Die Beeren des Faulbaumes sind kleiner und Kelchblätter fehlen.*

## Staudenknöterich

*Reynoutria sachalinensis* und *R. japonica*

Diese beiden Arten sind Neophyten aus Amerika, die sich auf nährstoffreichen Standorten ausbreiten können. Sie sind unglaublich wuchskräftig und können täglich bis zu 30 cm Zuwachs bilden und innerhalb weniger Wochen mehrere Meter Höhe erreichen. Vor allem ihre jungen Triebe sind in der Wildkräuterküche beliebt. Sie bilden meist ausgedehnte Bestände und sind alleine schon dadurch leicht von Tollkirschen zu unterscheiden.

*Sachalin-Staudenknöterich mit aufrechten Trieben.*

## Greiskraut-Arten

*Senecio ovatus* und *S. nemorensis*

In der Gattung der Greiskräuter (auch Kreuzkräuter genannt, S. 67) gibt es Arten mit relativ großen, einfachen Blättern. Sie gedeihen ebenfalls in Wäldern entlang der Wegränder. Ohne die gelben Blüten können sie ähnlich aussehen, doch ihr Wuchs ist steifer aufrecht und spätestens zur Blütezeit ist die Unterscheidung einfach. Zudem werden diese giftigen Arten nicht in der Wildkräuterküche verwendet.

*Fuchs-Greiskraut (Senecio ovatus) mit gelben Korbblüten.*

# Trollblume

*Trollius europaeus* · Fam. Hahnenfußgewächse (Ranunculaceae)

Blühend sind die kugeligen Blütenköpfe leicht zu erkennen. Ihre Blätter sehen dagegen einigen anderen Arten ähnlich. Darum sollten Wildkräutersammelnde in den Mittelgebirgen und Alpen dieses bis 60 cm hohe Hahnenfußgewächs auch ohne Blüten erkennen können.

**30–60 cm**

**ausdauernd und geschützt**

## DA WÄCHST SIE

Beim Sammeln von Wildkräutern begegnet einem diese hübsche Pflanze auch dort, wo Storchschnabel gedeihen kann. Sie wächst bevorzugt im Gebirge auf nährstoffreichen und feuchten Standorten, d.h. in Feuchtwiesen, Flachmooren und Hochstaudenfluren. Sie kommt in Höhenlagen bis zu 2300 m vor und steht unter Naturschutz! Sie ist auch als Zierpflanze in Gärten beliebt.

*Fruchtstand*

## VERWENDUNG & GESCHICHTEN

Der Name Trollblume geht vermutlich auf die kugelige Blütenform zurück. Altdeutsch bedeutet „troll“ soviel wie kugelig. Weitere volkstümliche Namen sind Goldköpfchen, Butterblume, Butterkugel sowie Kugelranunkel.
Früher hat man die Trollblume gegen Skorbut verabreicht. Heute spielt sie in der Heilkunde keine Rolle mehr.

## GIFTIGKEIT

- **Giftig** durch Protoanemonin, vor allem die oberirdischen Teile.
- Bei Berührung: Der Pflanzensaft kann auf der Haut zu Rötung, Juckreiz und Blasenbildung (Hahnenfußdermatitis) führen. Auch die Schleimhäute reagieren empfindlich.
- Das Vieh meidet die Trollblume auf den Weiden. Getrocknet im Heu verliert das Protoanemonin durch Umbau zum ungiftigen Anemonin seine Giftwirkung.
- Bei Verzehr: Erbrechen, Durchfall und Schwindelanfälle, in hoher Dosis auch Krämpfe und Lähmungserscheinungen.

## ENTSCHEIDENDE MERKMALE

Die Blüte hat 10–15 gelbe Blütenblätter, die die weiblichen und männlichen Blütenelemente samt der bis zu 10 Nektarblätter vollständig umschließen und verdecken.

Die handförmigen Blätter sind tief geteilt, meist haben sie 5 gesägte Abschnitte.

Es gibt Grundblätter und einen beblätterten Stängel.

Die ganze Pflanze ist kahl.

### Achtung!

Handförmige Blätter sind oft ganz schön schwierig auseinanderzuhalten – im Zweifelsfall abwarten und beobachten bis sich die Blüten zeigen!

## ÄHNLICHE WILDPFLANZEN

Verwechslungsgefahr besteht vor allem mit den Blättern von Storchschnabelgewächsen. Allerdings schätzt man von diesen Arten eher die Blüten als die Blätter in der Wildkräuterküche, sodass eine Verwechslung nicht sehr wahrscheinlich ist.
Ähnlich sind auch Arten wie Sterndolde und Eisenhut, die für kulinarische Zwecke ohnehin nicht verwendet werden.

### Storchschnabel-Arten

*Gattung Geranium*

Die meisten Arten dieser Gattung haben handförmige Blätter, die allerdings in der Regel ebenso wie der Stängel behaart sind. Der Trollblume besonders ähnlich sind die des Wald- und die des Wiesen-Storchschnabels. An den pinkfarbenen Blüten sind sie leicht zu unterscheiden.

*Der Wald-Storchschnabel hat ähnliche Blätter.*

### Sterndolde

*Astrantia minor* und *A. major*

Die Große und die Kleine Sterndolde besitzen beide handförmige Blätter und weißliche Blütendolden. Sie gedeihen ebenfalls in Bergregionen und werden auch in Gärten als Zierpflanze kultiviert.

*Die Kleine Sterndolde ist ein Doldengewächs.*

### Eisenhut-Arten

*Gattung Aconitum* (S. 49)

Die tödlich giftigen Vertreter dieser Gattung gehören ebenfalls zu der Familie der Hahnenfußgewächse und besitzen handförmige Blätter. Sie sind auch in den Mittelgebirgen und Alpen verbreitet und blühend leicht an den helmförmigen Blüten zu erkennen.

*Der Blaue Eisenhut gedeiht vor allem im Gebirge.*

### Hahnenfuß-Arten

*Gattung Ranunculus* (S. 71)

Neben der Trollblume gibt es weitere Arten mit ähnlichen, handförmig geteilten Blättern, vor allem in der Gattung Hahnenfuß. Diese sind ebenso giftig und auch nicht auf die Bergregionen beschränkt.

# Wasserpfeffer

*Persicaria hydropiper* · Fam. Knöterichgewächse (Polygonaceae)

Diese scharf schmeckende Wildpflanze ist recht umstritten. In geringer Menge ist es ein scharfes Würzkraut, doch zu viel davon wirkt reizend auf die Schleimhäute.

**25–60 cm**

**einjährig**

## DA WÄCHST ER

Wildkräutersammelnde finden diese einjährige Pflanze als Feuchtezeiger an Waldwegen, Ufern und in Unkrautfluren auf nährstoffreichen Böden.

## VERWENDUNG & GESCHICHTEN

Er wird auch Pfeffer-Knöterich genannt und enthält neben Scharfstoffen Gerb- und Bitterstoffe, ätherisches Öl und Flavonoide. In Japan werden mit den pfefferartig scharf schmeckenden, frischen Blättern verschiedene Speisen garniert. Man kann sie ebenso wie die zarten Triebe und Blütenstände in geringer Menge als Würzkraut an Salate, Quarkspeisen, Käse und Wildgemüsegerichte geben. Die Samen sind nahezu frei von Scharfstoffen und können für Keimsprossen gesammelt werden.
In der Schulmedizin wird der Pfeffer-Knöterich gegen schmerzhafte Periodenblutungen eingesetzt. In der Volksmedizin wird er aufgrund seiner harntreibenden, blutstillenden, zusammenziehenden und entzündungshemmenden Eigenschaften darüber hinaus vor allem zur Blutstillung und bei Blasen- und Nierenleiden verwendet. Bei Verstauchungen und Quetschungen, Rheuma und Gicht kann aus der Abkochung auch ein Umschlag bereitet werden.

*Längliche Blätter*

## GIFTIGKEIT

→ **Giftiger** Scharfstoff Polygodial, der in Überdosis Haut, Harnwege und Schleimhäute reizen kann.
→ Säugetiere meiden diese Pflanze, auch auf Insekten wirken die Scharfstoffe fraßhemmend.
→ Bei Verzehr: Große Mengen können zu Übelkeit, Erbrechen, Bauchschmerzen, Durchfall und Schleimhautreizungen führen. Während der Schwangerschaft sollte dieses Kraut nicht verzehrt werden.
→ Bei Berührung: Bei empfindlichen Personen können Haut- und Schleimhautreizungen auftreten.

## ENTSCHEIDENDE MERKMALE

Die kleinen Blüten stehen in lockeren Ähren.

Die einjährige Pflanze hat meist einige Seitentriebe.

An den Knoten befindet sich eine kurz bewimperte Nebenblattscheide (Ochrea).

Die Blätter sind einfach und länglich.

### Achtung!

Die Triebe sind vor allem auf besonnten Standorten oft rot überlaufen. Dies sind Anthocyane die für die Pflanze einen Sonnenschutz darstellen und bei einigen Arten vorkommen.

## ÄHNLICHE WILDPFLANZEN

Durch den scharfen Geschmack ist dieser Knöterich gut gekennzeichnet. Verwechslungsgefahr besteht vor allem mit anderen Arten dieser Gattung. Sie sind essbar und daher sollte man den Wasserknöterich gut kennen.

### Vogelknöterich

*Polygonum aviculare*

Dieses mild schmeckende und gesunde Wildkraut ist daran zu erkennen, dass die kleinen Blüten in den Blattachseln der Blätter stehen. Diese Art ist je nach Standort sehr variabel was die Größe der Blätter und der ganzen Pflanze anbelangt.

*Vögelknöterich mit blattachselständigen Blüten.*

### Ampfer-Knöterich

*Persicaria lapathifolia*

Dieser Knöterich hat kompaktere Blütenstände als der Wasserpfeffer und ist essbar. Er ist nicht so sehr im Wald, sondern auf feuchten Äckern und an Wegrändern verbreitet, vor allem im Siedlungsbereich auf nährstoffreichen Böden.

*Ampfer-Knöterich mit kompakten Blütenständen.*

### Floh-Knöterich

*Polygonum maculosa*

Diese Art ist dem Ampfer-Knöterich noch ähnlicher als dem Wasserpfeffer. Durch die behaarte Ochrea ist er am besten vom Ampfer-Knöterich mit kahler Ochrea zu unterscheiden. Leider hat der Wasserpfeffer auch eine behaarte Ochrea, allerdings ist sie kürzer.

*Floh-Knöterich mit bewimperter Ochrea.*

### Milder und Kleiner Knöterich

*Polygonum minus und P. mite*

Diese beiden Arten sind ebenfalls einjährig und sehen nahezu identisch aus wie der Wasserpfeffer, ihnen fehlt jedoch der scharfe Geschmack. Weitere, mit der Lupe zu erkennende Unterschiede sind die auf der Fläche behaarte und am oberen Rand lang bewimperte Ochrea bei diesen beiden Arten. Beim Wasserpfeffer ist diese kaum behaart und trägt am Rand wenige, kurze Haare.

# Wasserschierling

*Cicuta virosa* · Fam. Doldengewächse (Apiaceae)

Dieses bis über 1 m große Doldengewächs hat einen angenehmen Geruch, der leicht darüber hinweg täuschen könnte, dass es sich dabei um eine der giftigsten Pflanzen in unserer Natur handelt.

**60–120 cm**

**ausdauernd**

## DA WÄCHST ER

Dieses Doldengewächs gedeiht im Uferbereich stehender Gewässer mit mittlerem Nährstoffgehalt. Hier können Wildkräutersammelnde auch Mädesüß, Wald- und Echte Engelwurz sowie Wasserdost, Wolfstrapp und Baldrian finden.

*Rundliche Früchte*

## VERWENDUNG & GESCHICHTEN

Nach preußischem Polizeigesetz sollte diese Giftpflanze ausgerottet werden, doch sie ist zu unbekannt gewesen, um vernichtet worden zu sein.
In der Homöopathie wird Wasserschierling bei hysterischen Krämpfen eingesetzt.

## GIFTIGKEIT

- **Tödlich giftige** Polyine (bes. Cicutoxin, Aethusin, Cicutol) in allen Pflanzenteilen, besonders dem Wurzelstock. Bereits ein walnussgroßes Stück der frischen Wurzel kann tödlich sein.
- Die Vergiftung verläuft bei Menschen und Tieren ähnlich und die Giftwirkung bleibt beim Trocknen erhalten.
- Cicutoxin ist ein Krampfgift, das lähmend auf das Großhirn wirkt.
- Bei Verzehr: Bereits nach 20 Minuten Brennen und Schmerzen im Mund, Übelkeit, Erbrechen, Krämpfe, Sehstörungen, Kopfschmerzen, Rhabdomyolyse, Nierenversagen und bei entsprechender Dosis (wenige Gramm frisches Pflanzenmaterial) Tod durch Atemlähmung innerhalb von 24 Stunden.

## ENTSCHEIDENDE MERKMALE

Die weißen Blüten stehen in rundlichen Döldchen zusammen.

Die Spaltfrüchte sind rundlich und ca. 2–3 mm groß.

Die Blätter sind zwei- bis dreifach gefiedert, die einzelnen Fiederblättchen etwas sichelförmig und der Rand scharf gesägt. Der Blattstiel ist rund und hohl.

Die Wurzelstock ist gekammert und duftet angenehm.

### Achtung!

Die röhrig hohlen Triebe und der Wurzelstock haben einen angenehm aromatischen Geruch!

## ÄHNLICHE WILDPFLANZEN

Verwechslungsgefahr besteht vor allem mit weiteren Doldengewächsen, die essbar sind wie Schmalblättriger Merk oder Engelwurz. Im Uferbereich entlang der Fließgewässer gedeiht die Brunnenkresse. Sie kann leicht durch ihren unterschiedlichen Blütenaufbau und die Blattform unterschieden werden.

### Schmalblättriger Merk

*Berula erecta*

Er wird auch Berle genannt und ist ein aromatisch schmeckendes Doldengewächs. Vom Wasserschierling kann er leicht durch die einfach gefiederten Blätter unterschieden werden.

*Der Schmalblättrige Merk wächst in Bächen.*

### Brunnenkresse

*Nasturtium officinale*

Dieses beliebte Wildkraut gedeiht an Fließgewässern. Es ist ein Kreuzblütler mit vierzähligen Blüten und einfach gefiederten Blättern. Der senfartig scharfe Geschmack verrät auch seine Familienzugehörigkeit.

*Brunnenkresse hat einfach gefiederte Blätter.*

### Wald-Engelwurz

*Angelica sylvestris*

Dieses Doldengewächs kann ebenfalls im Uferbereich gedeihen. Die Blattfiedern sind viel breiter und rundlicher, sodass es daran gut unterschieden werden kann. Die Früchte der Doldengewächse liefern ebenfalls gute Erkennungsmerkmale, die der Engelwurz sind abgeflacht mit geflügelten Randrippen.

*Die Wald-Engelwurz gedeiht auch an Gewässerufern.*

### Weitere Doldengewächse

*Angelica archangelica* und weitere Vertreter der *Apiaceae*

Die Echte Engelwurz hat breitere Blattfiedern und gelbgrüne Blüten. Es gibt noch zahlreiche weitere Doldengewächse, darunter einige essbare und giftige, die oft nicht sehr einfach zu unterscheiden sind.

# Wolfsmilch

Gattung *Euphorbia* · Fam. Wolfsmilchgewächse (Euphorbiaceae)

Die etwa 25 Wolfsmilch-Arten in Mitteleuropa sehen von ihren Blättern her recht unterschiedlich aus, doch an ihrem nahezu identischen Blütenaufbau und dem weißen Milchsaft sind sie gut zu erkennen. Die einzelnen Arten sind unterschiedlich giftig und auch der Wirkstoffgehalt innerhalb einer Art kann starken Schwankungen unterliegen. Sie sollten allesamt gemieden werden.

## DA WÄCHST SIE

Die verschiedenen Arten bevorzugen unterschiedliche Standorte und sie werden Wildkräutersammelnden in den verschiedensten Lebensräumen begegnen. Viele von ihnen gedeihen im Siedlungsbereich auf Äckern und in Gärten. Sie werden auch als Zierpflanze kultiviert.

*Milchsaft der Zypressen-Wolfsmilch*

## VERWENDUNG & GESCHICHTEN

Wolfsmilchgewächse enthalten einen weißen Milchsaft, der dem des Löwenzahns ähnelt. Die Inhaltsstoffe sind jedoch grundverschieden. Während der Löwenzahn ein beliebtes Heil- und Küchenkraut ist, sind die unterschiedlichen Wolfsmilch-Arten giftig und hautreizend. Der Milchsaft wurde früher gegen Warzen aufgetragen, doch sollte aufgrund der Reizgifte für die Haut ein anderes, weniger hautreizendes und wirksameres Kraut verwendet werden, wie z. B. Schöllkraut (S. 125).

## GIFTIGKEIT

- → **Giftige** Terpenester (vor allem Euphorbon und Ingenol) im Milchsaft.
- → Die Giftwirkung bleibt beim Trocknen erhalten.
- → Bei Berührung: Der Kontakt verursacht auf der Haut Blasenbildung und im Auge Binde- und Hornhautentzündungen.
- → Bei Verzehr: Pupillenerweiterung, Schwindel, Nieren- und Magen-Darm-Entzündungen, Krämpfe, Herzrhythmus- und Bewusstseinsstörungen. Bei entsprechender Menge kommt es im Delirium zum Tod.

# Zaunrübe, Zweihäusige

*Bryonia dioica* · Fam. Kürbisgewächse (Cucurbitaceae)

Die tödlich giftigen Beeren haben zum Glück einen scharfen Geschmack der den Verzehr in der Regel verhindert. Allerdings sollten Wildkräutersammelnde diese Giftpflanze kennen und meiden.

1–4 m

ausdauernd

## DA WÄCHST SIE

Diese bis 4 m hoch rankende Pflanze gedeiht in Auwäldern und Hecken im Siedlungsbereich auf frischen, nährstoffreichen Lehmböden. Vor allem wenn im Garten weitere essbare Kürbisgewächse gepflanzt sind, sollte darauf geachtet werden, dass die Zaunrübe nicht entlang der Einzäunung wächst und verwechselt wird.

*Reife und unreife Beeren*

## VERWENDUNG & GESCHICHTEN

Ihren Namen verdankt sie den rübenartig verdickten Wurzeln. Der lateinische Artname *dioicus* bedeutet „zweihäusig“, d.h. es gibt männliche und weibliche Pflanzen. Die Früchte werden von einigen Vögeln verzehrt, die Samen überstehen unbeschadet die Darmpassage und werden so verbreitet.

Früher hat man die Zaunrübe als Abführmittel verwendet. Im Mittelalter wurden aus der Wurzel Fälschungen der Alraunewurzel (S. 21) geschnitzt. Heute wird sie nur noch in Fertigpräparaten und der Homöopathie bei akuten, fiebrigen, rheumatischen Erkrankungen eingesetzt.

## GIFTIGKEIT

- **Tödlich giftige** Bitterstoffe (Cucurbitacine) in allen Teilen, vor allem den Beeren.
- Für den Menschen ist die Zaunrübe stark giftig, ebenso für Hunde, Schweine, Pferde und Rinder. Für Kinder gelten 15 Beeren und für Erwachsene 40 Beeren als tödlich.
- Bei Berührung: Der Kontakt mit der Haut kann zu Reizungen und Blasenbildung führen.
- Bei Verzehr: Übelkeit, Schwindel, blutiger Durchfall, Koliken, Nierenschäden, Krämpfe und bei entsprechender Dosis Tod durch Atemlähmung.

SERVICE

# REGISTER

## NÜTZLICHE WEBSEITEN

App zur Pflanzenbestimmung über Fotos: https://florаincognita.de

Bildungsplattform & Netzwerk in Sachen Natur: www.regio-ranger.de

EssbareWildpflanzenPark (Ewilpa®): www.ewilpa.net

Giftpflanzendatenbank: https://das-sichere-haus.de/wohnung-kindersicher-machen/gefahrenquellen-fruehzeitig-erkennen/giftpflanzen-/-giftpflanzendatenbank

Naturbeobachtungen: www.naturgucker.de

Natur- und Bestimmungsbücher: www.quelle-meyer.de

Naturerleben mit dem Haupt Verlag: www.naturerleben.net

Liste giftiger Pflanzen: www.uniklinik-freiburg.de/giftberatung/liste-ausgewaehlter-giftpflanzen

Webseite der Autorin: www.kreativpinsel.de

## ZUM WEITERLESEN

Beiser R. (2025): Dein Projekt. Dein Guide. Heilpflanzen kennen, sammeln, verarbeiten. from zero to hero. Ulmer Verlag, Stuttgart.

Beiser, R. (2021): Heilpflanzen finden. Ulmer Verlag, Stuttgart.

Cressy, M. & C. Arlinghaus (2024): Ich sehe was, was ich nicht kenn'. Ulmer Verlag, Stuttgart.

Daunderer, M. (1995): Lexikon der Pflanzen- und Tiergifte, Diagnostik und Therapie. ecomed, Landsberg.

Denkow, W. (2003): Gifte der Natur. Bechtermünz-Verlag, Augsburg.

Düll, R., Kutzelnigg, H. (2011): Taschenlexikon der Pflanzen Deutschlands und angrenzender Länder: Die häufigsten mittel-europäischen Arten im Portrait. Quelle & Meyer Verlag, Wiebelsheim.

Fleischhauer, S.G. (2013): Enzyklopädie der essbaren Wildpflanzen. AT-Verlag, Aarau.

Frohne, D. & H.J. Pfänder (2004): Giftpflanzen: Ein Handbuch für Apotheker, Ärzte, Toxikologen und Biologen.

Kremer, B.P. (2023): Essbare und giftige Wildpflanzen. Ulmer Verlag, Stuttgart.

Kremer, B.P. (2021): Steinbachs großer Pflanzenführer. Ulmer Verlag, Stuttgart.

Lüder, R. (2020): Grundkurs Pflanzenbestimmung. Quelle & Meyer Verlag, Wiebelsheim.

Lüder, R. (2017): Grundkurs Gehölzbestimmung. Quelle & Meyer Verlag, Wiebelsheim.

Lüder, R. (2019): Bäume bestimmen – Knospen, Blüten, Blätter, Früchte. Haupt Verlag, Bern.

Lüder, R. (2018): Grundlagen der Feldbotanik: Familien und Gattungen einheimischer Pflanzen. Haupt Verlag, Bern.

Lüder, R. & F. (2024) WebApp: Wildpflanzen zum Genießen. Naturgucker und Kreativpinsel-Verlag.

Lüder, R. & F. (2021): Wildpflanzen zum Genießen... für Küche, Kosmetik, Kreativität und Gesundheit für Mensch und Natur. Kreativpinsel-Verlag, Neustadt.

Lüder, R. & F. (2017): Wildpflanzen zum Genießen... für unterwegs. Kreativpinsel-Verlag, Neustadt.

Lüder, R. & F. (2020): Doldenblütler von Pastinakengemüse bis Schierlingsbecher: Essbare Doldengewächse und ihre Verwechslungsmöglichkeiten. Kreativpinsel-Verlag, Neustadt.

Roth, L., M. Daunderer, & K. Kormann (2012): Giftpflanzen – Pflanzengifte. Nikol Verlag, Hamburg.

Schneider, C. (2024): Wild- und Heilkräuter, Beeren und Pilze finden. Ulmer Verlag, Stuttgart.

Schneider, C. (2021): Wildfrüchte finden. Ulmer Verlag, Stuttgart.

Wurft, M. (2020): Mein Wildkräuterbuch. Ulmer Verlag, Stuttgart.

## ÜBER DIE AUTORIN

Dr. Rita Lüder ist promovierte Biologin, vielfache Autorin und gefragte Dozentin mit dem Schwerpunkt Pflanzen- und Pilzkunde. Seit 1995 gibt sie praxisorientierte Kurse zur Bestimmung und Verwendung von Wildpflanzen und Pilzen an verschiedenen Bildungseinrichtungen, seit einigen Jahren zusammen mit ihrem Mann Frank Lüder. Bekannt ist sie vor allem durch ihre anschaulichen Bestimmungsbücher wie „Grundkurs Pflanzenbestimmung“ oder „Wildpflanzen zum Genießen“ und zahlreiche kreative Lehrmaterialien. Neben ihrer Lehrtätigkeit ist sie als Illustratorin und Fotografin aktiv.
Ihr Anliegen ist es, auf die Einzigartigkeit und Vielfältigkeit der Schätze der Natur sowie ihrer Verwendungsmöglichkeiten aufmerksam zu machen.

## BILDQUELLEN

Alle Fotos und Zeichnungen stammen von Rita Lüder mit Ausnahme der folgenden:
Frank Hecker Naturfotografie: S. 26, 88, 100, 126
Orest lyzhechka/Shutterstock.com: S. 106
Natalia Andreychenko/Shutterstock.com: Außenklappe hinten (Hummel)
Paladin12/Shutterstock.com: Hintergrund Umschlag

## IMPRESSUM

Die in diesem Buch enthaltenen Empfehlungen und Angaben sind von der Autorin mit größter Sorgfalt zusammengestellt und geprüft worden. Eine Garantie für die Richtigkeit der Angaben kann aber nicht gegeben werden. Autorin und Verlag übernehmen keine Haftung für Schäden und Unfälle. Bitte setzen Sie bei der Anwendung der in diesem Buch enthaltenen Empfehlungen Ihr persönliches Urteilsvermögen ein.
Der Verlag Eugen Ulmer ist nicht verantwortlich für die Inhalte der im Buch genannten Websites.

Anmerkung zur Schreibweise (Gendering): Gendergerechtigkeit und Inklusion sind bei uns gelebte Praxis – bei der Auswahl unserer Themen, bei der Recherchearbeit, in der Gestaltung. Unsere Texte meinen alle. Damit unsere Inhalte jedoch gut lesbar bleiben, verzichten wir in diesem Werk auf die jeweilige Mehrfachnennung oder Anpassung der Schreibweise bestimmter Bezeichnungen an die weibliche, männliche oder diverse Form.

**Bibliografische Information der Deutschen Nationalbibliothek**
Die Deutsche Nationalbibliothek verzeichnet diese Publikation in der Deutschen Nationalbibliografie; detaillierte bibliografische Daten sind im Internet über http://dnb.d-nb.de abrufbar.


Wollgrasweg 41, 70599 Stuttgart (Hohenheim)
E-Mail: info@ulmer.de
Internet: www.ulmer.de
Projektleitung & Konzept: Christine Hutschenreuther
Lektorat: Sabine Drobik
Herstellung: Verlag Eugen Ulmer
Umschlaggestaltung: Verlag Eugen Ulmer
Satz: Anette Vogt, www.redsign.de, Stuttgart
Reproduktion: time:ray, Jettingen
Druck und Bindung: Westermann Druck, Zwickau
Printed in Germany

**ISBN 978-3-8186-2462-0**

FSC www.fsc.org MIX Papier | Fördert gute Waldnutzung FSC® C110508